Amar Saraswat

Crónicas de Código: Uma Viagem pela Engenharia de Software

Amar Saraswat

Crónicas de Código: Uma Viagem pela Engenharia de Software

ScienciaScripts

Imprint

Cover image: www.ingimage.com

This book is a translation from the original published under ISBN 978-620-7-63905-2.

Publisher:
Sciencia Scripts
is a trademark of
Dodo Books Indian Ocean Ltd. and OmniScriptum S.R.L publishing group

120 High Road, East Finchley, London, N2 9ED, United Kingdom
Str. Armeneasca 28/1, office 1, Chisinau MD-2012, Republic of Moldova, Europe
Printed at: see last page
ISBN: 978-620-7-95302-8

Índice

Capítulo 1: Introdução às máquinas de aprendizagem

Introdução

No agitado mundo da tecnologia, onde a inovação é implacável e a mudança é constante, navegar no domínio da engenharia de software pode parecer como embarcar numa aventura ousada. Bem-vindo a "Crónicas de Código: Uma Viagem pela Engenharia de Software", um guia completo criado para ser o seu companheiro de confiança nesta expedição emocionante. Nestas páginas, embarcará numa viagem pela intrincada paisagem do desenvolvimento de software, desde os seus princípios fundamentais até às suas técnicas mais avançadas. Quer seja um programador experiente que procura aprofundar os seus conhecimentos ou um recém-chegado ansioso por embarcar na sua odisseia de programação, este livro foi concebido para iluminar o caminho a seguir.

A nossa viagem começa com uma visão panorâmica da engenharia de software, lançando as bases para os capítulos seguintes. Exploraremos a natureza multifacetada das linguagens de programação, desvendaremos os mistérios dos ambientes de desenvolvimento e equipá-lo-emos com as ferramentas necessárias para prosperar neste campo dinâmico. À medida que nos aprofundamos, navegaremos pelo ciclo de vida do desenvolvimento de software, desde o início de uma ideia até à implementação de uma aplicação totalmente funcional. Ao longo do percurso, aprenderá conceitos essenciais como a recolha de requisitos, princípios de conceção, metodologias de teste e estratégias de implementação.

Mas a nossa exploração não se fica por aqui. As "Crónicas de Código" aventuram-se nos domínios da gestão de projectos, garantia de qualidade de software e tópicos avançados como padrões de design, considerações de segurança e escalonamento de aplicações. Através de uma mistura de teoria e conhecimentos práticos, obterá uma compreensão holística do panorama da engenharia de software, permitindo-lhe enfrentar os desafios com confiança e criatividade. Além disso, vamos aprofundar os meandros do desenvolvimento de carreira, oferecendo orientação sobre a construção de um portfólio robusto, preparando-se para entrevistas e avançando suas habilidades em uma indústria em constante evolução.

Ao embarcar nesta viagem, lembre-se de que não está sozinho. "Crónicas de Código" é mais do que apenas um livro - é um companheiro que o acompanhará nos altos e baixos dos seus esforços de engenharia de software. Quer esteja à procura de inspiração, conhecimento ou conselhos práticos, encontrará um tesouro de ideias nestas páginas. Por isso, aperte o cinto de segurança, aguce a sua mente e prepare-se para embarcar numa expedição inesquecível através do cativante mundo da engenharia de software. A aventura aguarda-o, e está prestes a tornar-se o protagonista das suas próprias Crónicas de Código.

1.1.Visão geral da engenharia de software

A engenharia de software é a aplicação sistemática de princípios e práticas de engenharia ao desenvolvimento, manutenção e evolução de sistemas de software. Engloba um vasto leque de actividades, desde a recolha de requisitos iniciais até à implementação e mais além. Na sua essência, a engenharia de software procura responder aos desafios associados à criação de soluções de software complexas, fiáveis e escaláveis que satisfaçam as necessidades dos utilizadores e das partes interessadas.

Um dos aspectos fundamentais da engenharia de software é o ciclo de vida de desenvolvimento de software (SDLC). Este processo fornece uma abordagem estruturada ao desenvolvimento de software, incluindo normalmente fases como a análise de requisitos, a conceção, a implementação, o teste, a implementação e a manutenção. Ao seguir o SDLC, os engenheiros de software podem garantir que os projectos são concluídos a tempo, dentro do orçamento e com elevada qualidade.

Uma consideração fundamental na engenharia de software é a escolha de metodologias de desenvolvimento adequadas. Estas metodologias definem os processos e práticas que orientam as equipas de desenvolvimento ao longo do ciclo de vida do projeto. As metodologias mais comuns incluem o Agile, que dá ênfase à flexibilidade e à colaboração, e o Waterfall, que segue uma abordagem sequencial e linear. Cada metodologia tem os seus pontos fortes e fracos, e a escolha depende frequentemente dos requisitos específicos do projeto e das preferências da equipa.

Os engenheiros de software dependem de uma variedade de ferramentas e tecnologias para apoiar o seu trabalho. Estas incluem ambientes de desenvolvimento integrado (IDEs), sistemas de controlo de versões (VCS) e estruturas de teste automatizadas, entre outras. Estas ferramentas ajudam a simplificar o processo de desenvolvimento, melhoram a colaboração entre os membros da equipa e garantem a qualidade e a fiabilidade do produto final.

Para além das competências técnicas, os engenheiros de software devem também possuir fortes capacidades de resolução de problemas e de comunicação. Devem ser capazes de compreender e interpretar os requisitos dos utilizadores, traduzi-los em especificações técnicas e comunicar eficazmente com os outros membros da equipa de desenvolvimento. A colaboração e o trabalho em equipa são essenciais na engenharia de software, uma vez que os projectos envolvem muitas vezes vários intervenientes com antecedentes e perspectivas diferentes.

A engenharia de software é um domínio em constante evolução, impulsionado pelos avanços da tecnologia e pelas mudanças nas tendências do sector. Como tal, os engenheiros de software devem manter-se actualizados com os últimos desenvolvimentos e melhorar continuamente as suas competências e conhecimentos. Isto pode implicar a participação em actividades de desenvolvimento profissional, a participação em conferências e workshops, ou a obtenção de diplomas ou certificações avançadas.

Em última análise, a engenharia de software desempenha um papel crucial na formação do mundo moderno. Os sistemas de software são omnipresentes, alimentando tudo, desde aplicações móveis e sítios Web a infra-estruturas críticas e investigação científica. Ao aplicar os princípios da engenharia ao desenvolvimento de software, os engenheiros podem criar soluções inovadoras que respondem a desafios complexos e melhoram a vida das pessoas em todo o mundo.

Em resumo, a engenharia de software é uma disciplina dinâmica e multifacetada que engloba todo o processo de desenvolvimento de software, desde a conceção até à implementação e mais além. Requer uma combinação de conhecimentos técnicos, capacidades de resolução de problemas e uma comunicação eficaz, bem como um empenhamento na aprendizagem e melhoria contínuas. À medida que a tecnologia continua a avançar, o papel da engenharia de software tornar-se-á cada vez mais importante para impulsionar a inovação e o progresso da sociedade.

1.2. Importância do software na sociedade moderna

Na sociedade moderna, a importância do software não pode ser exagerada, uma vez que este permeia praticamente todos os aspectos da nossa vida quotidiana. Da comunicação ao comércio, dos cuidados de saúde ao entretenimento, o software desempenha um papel crucial na forma como interagimos com o mundo que nos rodeia. Em primeiro lugar, a comunicação foi revolucionada pelo software, permitindo mensagens instantâneas, videochamadas e plataformas de redes sociais que ligam pessoas de todo o mundo em tempo real. Esta interligação transformou a forma como partilhamos informações, ideias e experiências, promovendo a colaboração e a compreensão globais.

Além disso, o software tornou-se a espinha dorsal de muitos sectores, impulsionando a eficiência, a inovação e o crescimento. No domínio dos cuidados de saúde, por exemplo, as aplicações de software simplificam os cuidados aos doentes, gerem os registos médicos e facilitam os serviços de telemedicina, melhorando, em última análise, o acesso aos cuidados de saúde e salvando vidas. Do mesmo modo, no sector da educação, as plataformas de software permitem a aprendizagem em linha, o ensino personalizado e os conteúdos educativos interactivos, permitindo aos estudantes aprender ao seu próprio ritmo e aceder a recursos educativos em qualquer lugar.

Além disso, o software revolucionou a forma como conduzimos os negócios, desde as pequenas empresas em fase de arranque até às multinacionais. Os sistemas de planeamento de recursos empresariais (ERP), o software de gestão das relações com os clientes (CRM) e as plataformas de comércio eletrónico optimizam as operações comerciais, melhoram o envolvimento dos clientes e permitem o alcance do mercado global. Esta transformação digital abriu caminho a novos modelos de negócio, como a economia de partilha e os serviços baseados em assinaturas, impulsionando o crescimento económico e a criação de emprego.

Para além das suas aplicações práticas, o software também alimenta a inovação e a criatividade, servindo de plataforma para artistas, designers e programadores se expressarem e ultrapassarem os limites do que é possível. Quer se trate da criação de arte digital, do desenvolvimento de jogos de vídeo ou da conceção de experiências virtuais imersivas, o software permite que as pessoas dêem vida às suas ideias e as partilhem com o mundo.

Além disso, o software desempenha um papel fundamental na resolução de desafios sociais, desde as alterações climáticas à segurança pública. Através da análise de dados, da modelação de simulações e da análise preditiva, o software ajuda os cientistas, os decisores políticos e as organizações a tomar decisões informadas e a desenvolver soluções para problemas complexos. Por exemplo, no domínio das ciências ambientais, o software é utilizado para modelar padrões climáticos, simular o impacto das actividades humanas e desenvolver estratégias de mitigação e adaptação.

Além disso, o software democratizou o acesso à informação e aos serviços, colmatando o fosso digital e capacitando as comunidades marginalizadas. As aplicações móveis, por exemplo, permitem o acesso a serviços bancários, informações sobre cuidados de saúde e recursos educativos em zonas remotas onde não existem infra-estruturas tradicionais. Esta inclusão tem o potencial de reduzir as desigualdades e melhorar a qualidade de vida de milhões de pessoas em todo o mundo.

Além disso, o software tem desempenhado um papel fundamental na resposta a crises globais, como a pandemia de COVID-19. Desde aplicações de rastreio de contactos a sistemas de distribuição de vacinas, o software tem sido fundamental na coordenação dos esforços de resposta a emergências, na divulgação de informações críticas e na facilitação do trabalho e da aprendizagem à distância. Esta adaptabilidade e resiliência sublinham o papel indispensável do software para enfrentar os desafios do século XXI.

Em conclusão, o software é a força motriz por detrás da transformação digital da sociedade moderna, moldando a forma como comunicamos, trabalhamos, aprendemos e inovamos. A sua influência omnipresente afecta todos os aspectos das nossas vidas, desde os cuidados de saúde à educação, dos negócios ao entretenimento e muito mais. À medida que continuamos a aproveitar as oportunidades e a enfrentar os desafios de um mundo cada vez mais interligado, a importância do software continuará a crescer, impulsionando o progresso, a prosperidade e o avanço humano.

1.3. Público-alvo

Bem-vindo ao mundo dinâmico da engenharia de software, onde a criatividade encontra a precisão e a inovação não tem limites. Neste domínio em rápida evolução, as pessoas embarcam numa viagem de resolução de problemas, criatividade e colaboração para criar soluções que impulsionam a nossa era digital. Quer seja um entusiasta em início de carreira, um estudante curioso ou um aspirante a profissional, este guia é o seu farol no labirinto dos princípios e práticas da engenharia de software.

A engenharia de software é mais do que apenas escrever linhas de código; trata-se de compreender problemas complexos e conceber soluções elegantes. À medida que a nossa dependência da tecnologia se aprofunda, a procura de engenheiros de software qualificados continua a aumentar. Quer sonhe em desenvolver aplicações inovadoras, conceber experiências de utilizador imersivas ou arquitetar sistemas robustos, a engenharia de software oferece uma infinidade de caminhos a explorar.

Na sua essência, a engenharia de software tem a ver com a resolução de problemas. Envolve a decomposição de desafios complexos em partes manejáveis, a conceção de algoritmos para os enfrentar eficientemente e a implementação de soluções que resistem ao teste do tempo. Através de uma mistura de criatividade, lógica e destreza técnica, os engenheiros de software dão vida a ideias, transformando conceitos em produtos tangíveis que enriquecem vidas e impulsionam o progresso.

O processo de desenvolvimento de software é semelhante à escultura de uma obra-prima; requer um planeamento cuidadoso, uma atenção meticulosa aos detalhes e um refinamento iterativo. Desde a recolha de requisitos e conceção de arquitecturas até à escrita de código e realização de testes, cada fase do percurso apresenta o seu próprio conjunto de desafios e oportunidades. A adoção de metodologias como Agile ou DevOps pode simplificar os fluxos de trabalho, promover a colaboração e garantir a entrega atempada de software de alta qualidade.

medida que se aprofunda no domínio da engenharia de software, depara-se com uma miríade de ferramentas, tecnologias e estruturas. Desde linguagens de programação populares como Python e JavaScript a paradigmas de ponta como aprendizagem automática e computação em nuvem, o panorama é vasto e está sempre a expandir-se. Não se deixe intimidar pela amplitude das opções; em vez disso, veja-a como um convite para explorar, experimentar e expandir o seu conjunto de competências.

A comunicação eficaz e o trabalho em equipa são facetas essenciais da engenharia de software. Quer esteja a colaborar com outros programadores, a interagir com as partes interessadas ou a procurar obter feedback dos utilizadores, as competências interpessoais sólidas podem fazer toda a diferença. Aproveite as oportunidades de colaborar, partilhar conhecimentos e aprender com os outros; afinal, a viagem é tão enriquecedora como o destino.

Ao embarcar na sua jornada de engenharia de software, lembre-se de que o fracasso não é o oposto do sucesso; é um trampolim para ele. Espere contratempos, encontre bugs e enfrente desafios ao longo do caminho, mas não deixe que eles o impeçam. Abrace cada obstáculo como uma oportunidade para aprender, iterar e crescer. Com perseverança, resiliência e uma pitada de criatividade, navegará pelas voltas e reviravoltas da engenharia de software com confiança e desenvoltura.

Em conclusão, a engenharia de software é uma aventura emocionante que promete oportunidades infinitas de crescimento, exploração e impacto. Quer seja apaixonado pela construção de interfaces elegantes, pela otimização de algoritmos ou pela arquitetura de sistemas escaláveis, o mundo da engenharia de software recebe-o de braços abertos. Por isso, arregace as mangas, aperfeiçoe as suas competências de programação e embarque nesta viagem emocionante com um espírito de curiosidade, determinação e entusiasmo sem limites. O futuro é seu para moldar, uma linha de código de cada vez.

Conclusão :

Ao concluirmos a nossa exploração do vasto panorama da engenharia de software, torna-se cada vez mais evidente que o papel do software na sociedade moderna é fundamental. O software permeia todos os aspectos das nossas vidas, desde as tarefas mundanas da existência quotidiana até às funções mais críticas das indústrias globais. Potencia a nossa comunicação, facilita as nossas transacções, impulsiona o nosso entretenimento e até influencia os nossos processos de tomada de decisões. A importância da engenharia de software não reside apenas na criação de aplicações funcionais, mas também na inovação e evolução que traz à sociedade em geral.

A nossa viagem pelos domínios da engenharia de software tem sido guiada pelo entendimento de que os seus princípios e práticas são essenciais para quem procura navegar no mundo cada vez mais digital. Quer seja um programador experiente que procura melhorar as suas competências, um estudante que aspira a entrar nesta área ou um indivíduo curioso ansioso por compreender a mecânica por detrás da tecnologia que utiliza diariamente, este livro foi concebido para satisfazer as suas necessidades. Desmistificando conceitos complexos e fornecendo ideias práticas, pretendemos dar ao nosso público-alvo o conhecimento e a confiança necessários para prosperar no domínio da engenharia de software.

Ao reflectirmos sobre os diversos tópicos abordados nesta visão geral, torna-se evidente que a engenharia de software não é apenas uma disciplina técnica, mas também um esforço criativo. Requer competências de resolução de problemas, inovação e colaboração para desenvolver soluções que respondam aos desafios do mundo real. Desde a compreensão das linguagens de programação e das estruturas de dados até ao domínio dos meandros da conceção e da implementação, todos os aspectos da engenharia de software contribuem para a criação de aplicações robustas, eficientes e de fácil utilização.

Além disso, a nossa exploração realçou a importância das considerações éticas na engenharia de software. À medida que a tecnologia continua a avançar, é imperativo que respeitemos as normas éticas e demos prioridade ao bem-estar dos utilizadores e da sociedade em geral. Questões como a privacidade, a parcialidade dos sistemas de IA e as práticas responsáveis de tratamento de dados devem ser abordadas com diligência e integridade para garantir que o software serve um bem maior.

Olhando para o futuro, o futuro da engenharia de software apresenta oportunidades e desafios ilimitados. Tecnologias emergentes como blockchain, IoT e IA estão a remodelar o cenário, apresentando novos caminhos para a inovação e a disrupção. No entanto, com estas oportunidades vêm dilemas éticos e implicações sociais que devem ser cuidadosamente navegados. Ao promover uma cultura de aprendizagem ao longo da vida e adaptabilidade, podemos abraçar a natureza evolutiva da engenharia de software e continuar a ultrapassar os limites do que é possível.

Em conclusão, a viagem através da visão geral da engenharia de software foi esclarecedora e enriquecedora. Aprofundámos os princípios fundamentais, explorámos domínios especializados e contemplámos as implicações éticas das nossas criações. Ao despedirmo-nos desta exploração, vamos levar por diante o conhecimento e as ideias adquiridas, armados com a convicção de que a engenharia de software não é apenas uma profissão, mas um catalisador para o progresso e a transformação na era digital.

Capítulo 2. Começar a trabalhar

Introdução:

Começar a sua jornada na engenharia de software pode parecer como embarcar numa aventura emocionante num vasto e dinâmico reino de possibilidades. Quer seja um principiante curioso ou esteja a transitar de outra área, o caminho que tem pela frente oferece amplas oportunidades de crescimento e exploração. Aqui está um guia para o ajudar a dar os primeiros passos:

Comece por mergulhar no mundo da engenharia de software. Familiarize-se com as diferentes linguagens de programação, ferramentas de desenvolvimento e metodologias normalmente utilizadas na indústria. Dedique algum tempo a explorar vários recursos, como cursos online, tutoriais e livros, para obter uma compreensão básica dos conceitos.

A engenharia de software engloba uma vasta gama de especialidades, desde o desenvolvimento web e o desenvolvimento de aplicações móveis até à aprendizagem automática e à computação em nuvem. Reflicta sobre os seus interesses, pontos fortes e objectivos de carreira para determinar qual o caminho que melhor se adequa às suas aspirações. Lembre-se de que não há problema em começar com um foco amplo e reduzi-lo à medida que ganha mais experiência e conhecimento.

Mergulhe na aprendizagem dos fundamentos da programação. Comece com uma linguagem fácil de utilizar para principiantes, como Python, que é amplamente utilizada em vários domínios da engenharia de software. Concentre-se em dominar conceitos básicos como variáveis, loops, condicionais e funções antes de avançar para tópicos mais avançados.

A teoria só o leva até certo ponto; a experiência prática tem um valor inestimável na engenharia de software. Comece a criar os seus próprios projectos para aplicar o que aprendeu e reforçar os seus conhecimentos. Quer se trate de um simples website, de uma aplicação móvel ou de uma ferramenta de linha de comandos, cada projeto oferece uma oportunidade para praticar a codificação, a resolução de problemas e as competências de gestão de projectos.

Não hesite em contactar mentores, colegas ou comunidades em linha para obter orientação e apoio. Participe em fóruns de programação, participe em encontros ou em hackathons para estabelecer contacto com pessoas que pensam da mesma forma e aprender com as suas experiências. Colaborar em projectos e receber feedback pode acelerar o seu percurso de aprendizagem.

O domínio da engenharia de software está em constante evolução, com o aparecimento regular de novas tecnologias e tendências. Cultive uma mentalidade de aprendizagem contínua e mantenha-se atualizado sobre os últimos desenvolvimentos da indústria. Explore tópicos avançados, experimente novas ferramentas e desafie-se a sair da sua zona de conforto.

A engenharia de software tem tanto a ver com a resolução de problemas como com a codificação. Cultive as suas capacidades de resolução de problemas enfrentando desafios de codificação, puzzles e problemas algorítmicos em plataformas como LeetCode, HackerRank ou CodeSignal. Pratique a decomposição de problemas complexos em etapas geríveis e a implementação de soluções eficientes.

Roma não foi construída num dia, e a experiência em engenharia de software também não. Mantenha-se persistente nos seus esforços, aceite os fracassos como oportunidades de aprendizagem e celebre os seus sucessos, por mais pequenos que sejam. Lembre-se de que cada contratempo é uma oportunidade de se tornar mais forte e mais resistente na sua jornada para se tornar um engenheiro de software proficiente.

2.1. Compreender as linguagens de programação

Na vasta tapeçaria da engenharia de software, a compreensão das linguagens de programação é o fio condutor que une o intrincado tecido da inovação digital. Na sua essência, uma linguagem de programação é mais do que um conjunto de regras de sintaxe e comandos; é o meio através do qual as ideias são traduzidas em ação, permitindo que os seres humanos comuniquem com as máquinas na sua própria linguagem digital.

Compreender as linguagens de programação é embarcar numa viagem de descoberta, em que cada linguagem representa um dialeto único com as suas próprias nuances, pontos fortes e limitações. Desde a simplicidade do Python até ao poder do C++, cada linguagem oferece uma abordagem distinta à resolução de problemas e ao desenvolvimento de software.

No entanto, para além das suas diferenças superficiais, todas as linguagens de programação partilham um objetivo comum: expressar algoritmos e instruções de uma forma que os computadores possam compreender e executar eficientemente. Quer se trate de manipular dados, controlar hardware ou criar sistemas de software complexos, as linguagens de programação fornecem as ferramentas essenciais para transformar conceitos abstractos em realidade tangível.

A compreensão das linguagens de programação vai para além da mera familiaridade com a sintaxe; implica a compreensão dos princípios e paradigmas subjacentes que moldam a sua conceção e utilização. Do imperativo e orientado para objectos ao funcional e declarativo, cada paradigma de programação oferece uma perspetiva única sobre a forma de estruturar e organizar o código.

Além disso, mergulhar nos meandros das linguagens de programação cultiva uma apreciação mais profunda da arte e da ciência da engenharia de software. Revela a elegância de um código bem elaborado, a importância da legibilidade e da facilidade de manutenção do código e o profundo impacto que as escolhas de conceção da linguagem podem ter nas práticas de desenvolvimento de software.

Além disso, o domínio de várias linguagens de programação dota os engenheiros de um conjunto de ferramentas versátil, permitindo-lhes escolher a linguagem mais adequada para uma determinada tarefa ou projeto. Quer se trate de prototipagem rápida com linguagens de script ou de otimização do desempenho com linguagens de baixo nível, a fluência em diversas linguagens permite aos engenheiros adaptarem-se e inovarem num panorama tecnológico em constante evolução.

Em última análise, a compreensão das linguagens de programação transcende a proficiência técnica; incorpora uma mentalidade de curiosidade, exploração e aprendizagem contínua. É uma viagem marcada por inúmeros momentos de "aha", em que os conhecimentos adquiridos numa linguagem iluminam outras, e em que os limites do que é possível no desenvolvimento de software são constantemente ultrapassados e expandidos.

2.2. Diferentes linguagens de programação

No vasto ecossistema da engenharia de software, as diferentes linguagens de programação servem como as diversas ferramentas na oficina de um artesão, cada uma com os seus pontos fortes, sintaxe e paradigmas únicos. Desde as mais antigas, como C e Java, até às mais recentes, como Rust e Swift, cada linguagem tem a sua própria narrativa, moldada pelas exigências do seu tempo e pelas visões dos seus criadores.

Em primeiro lugar, encontramos os clássicos intemporais como o C e o C++, a espinha dorsal da programação de sistemas e das aplicações de desempenho crítico. Estas linguagens oferecem um controlo sem paralelo dos recursos de hardware, tornando-as indispensáveis para os sistemas operativos, os sistemas incorporados e a computação de alto desempenho.

Em seguida, mergulhamos no mundo da programação orientada para objectos (OOP), onde linguagens como Java e C# reinam supremas. Com as suas arquitecturas robustas baseadas em classes e extensas bibliotecas, permitem que os programadores criem soluções de software escaláveis e de nível empresarial.

Entretanto, as linguagens de scripting como Python e Ruby oferecem um equilíbrio entre simplicidade e flexibilidade, tornando-as ideais para prototipagem rápida, desenvolvimento Web e ciência de dados. A sua sintaxe concisa e o seu rico ecossistema de bibliotecas facilitam a iteração e a experimentação rápidas, impulsionando a inovação em vários domínios.

Para aqueles que se aventuram no desenvolvimento Web, o JavaScript surge como a língua franca do navegador. Com o surgimento de estruturas de front-end como React e Vue.js, o JavaScript evoluiu para além das suas origens humildes, tornando-se uma linguagem versátil para a criação de aplicações Web dinâmicas e interactivas.

No domínio da programação funcional, Haskell e Clojure defendem a pureza e a imutabilidade, oferecendo soluções elegantes para problemas complexos através do poder das funções de ordem superior e das estruturas de dados imutáveis. Estas linguagens inspiram uma mudança de paradigma na forma como abordamos a conceção de software, dando ênfase a abstracções declarativas e compostas.

Entretanto, o surgimento de linguagens específicas de domínio (DSLs), como SQL e GraphQL, destaca a importância de soluções personalizadas para domínios específicos. Ao fornecer sintaxe e semântica especializadas, as DSLs permitem que os programadores expressem a lógica do domínio de forma mais intuitiva, aumentando a produtividade e a facilidade de manutenção.

Nos últimos anos, linguagens como Go e Rust ganharam destaque por sua ênfase em concorrência, segurança e desempenho. A simplicidade de Go e o suporte integrado para concorrência fazem dela uma escolha popular para a construção de sistemas escaláveis e concorrentes, enquanto a ênfase de Rust na segurança da memória e nas abstracções de custo zero a tornam uma opção atraente para a programação de sistemas e o desenvolvimento de baixo nível.

À medida que navegamos nesta rica tapeçaria de linguagens de programação, encontramos não só ferramentas para resolver desafios técnicos, mas também recipientes para expressar a criatividade, moldar comunidades e impulsionar o progresso no cenário em constante evolução da engenharia de software. Cada linguagem acrescenta uma tonalidade única à tela do nosso ofício, enriquecendo a nossa compreensão do que é possível e inspirando-nos a ultrapassar os limites do que podemos criar.

2.3. Escolher a língua certa para o projeto

A escolha da linguagem de programação correta para um projeto é semelhante à seleção da ferramenta adequada para uma tarefa específica. É uma decisão que pode ter um impacto significativo no sucesso, na escalabilidade e na capacidade de manutenção do projeto. Em primeiro lugar, é necessário avaliar os requisitos do projeto, considerando factores como a natureza da aplicação, o público a que se destina e o domínio do problema que aborda. Por exemplo, uma aplicação Web pode beneficiar de linguagens como o JavaScript para o desenvolvimento de front-end e Node.js ou Python para o processamento de back-end, devido à sua versatilidade e às suas extensas bibliotecas.

Em segundo lugar, a experiência e a familiaridade da equipa com uma língua desempenham um papel crucial. Optar por uma língua em que a equipa seja proficiente pode acelerar o desenvolvimento, reduzir os erros e simplificar a colaboração. No entanto, isto não deve ofuscar a importância de explorar novas linguagens se estas se adequarem melhor às necessidades do projeto, uma vez que surgem frequentemente oportunidades de aprendizagem quando se adoptam novas tecnologias.

Além disso, é essencial ter em conta as implicações a longo prazo da escolha da língua. A linguagem tem um bom suporte, com uma comunidade dinâmica e uma ampla documentação? Será fácil manter e escalar a aplicação à medida que esta evolui? Estas questões orientam os programadores para linguagens com ecossistemas e estruturas robustos que facilitam o desenvolvimento e a adaptação contínuos.

Além disso, os requisitos de desempenho devem informar a seleção da língua. Os projectos que exigem uma elevada eficiência computacional podem beneficiar de linguagens como C++ ou Rust, conhecidas pela sua velocidade e controlo de baixo nível. Por outro lado, os projectos centrados na prototipagem rápida e na facilidade de desenvolvimento podem considerar linguagens como Python ou Ruby mais adequadas devido à sua sintaxe expressiva e às funcionalidades incorporadas.

Outra consideração crítica são as necessidades de integração do projeto. A aplicação terá de interagir com sistemas externos, bases de dados ou APIs? A escolha de uma linguagem com forte suporte para interoperabilidade e integração pode agilizar o desenvolvimento e garantir uma comunicação suave entre diferentes componentes.

As considerações de segurança também entram em jogo quando se seleciona uma linguagem de programação. As linguagens com caraterísticas de segurança e gestão de memória robustas, como Rust ou Go, podem ajudar a atenuar as vulnerabilidades e melhorar a resiliência geral da aplicação contra potenciais ameaças.

Por último, é necessário avaliar as perspectivas futuras da linguagem. Está a evoluir para satisfazer as exigências do desenvolvimento de software moderno? Está a ganhar força na indústria ou está a tornar-se gradualmente obsoleta? Ao manterem-se informados sobre as tendências emergentes e a trajetória das linguagens de programação, os programadores podem tomar decisões informadas que posicionam os seus projectos para o sucesso a longo prazo.

Conclusão:

Em conclusão, embarcar na jornada de compreensão das linguagens de programação marca um passo fundamental na exploração da engenharia de software. Ao longo deste capítulo, mergulhamos no cenário diversificado das linguagens de programação, reconhecendo seus propósitos, sintaxe e paradigmas variados. Desde a flexibilidade do Python até o desempenho do C++, cada linguagem apresenta vantagens e considerações únicas. No entanto, a decisão sobre a linguagem a empregar não é arbitrária, mas sim orientada pelos requisitos e objectivos específicos do projeto em questão. Isto leva-nos ao aspeto crucial da escolha da linguagem correta, uma decisão que pode influenciar significativamente o sucesso e a eficiência dos esforços de desenvolvimento de software.

Compreender as nuances das diferentes linguagens de programação permite aos programadores tomar decisões informadas e adaptadas às exigências dos seus projectos. Quer se trate de otimizar a velocidade, a escalabilidade ou a facilidade de manutenção, a seleção da linguagem adequada estabelece as bases para uma fundação sólida. Além disso, a familiaridade com várias linguagens dota os indivíduos de um conjunto de competências versátil, permitindo-lhes adaptarem-se a diversos desafios e ambientes no domínio da engenharia de software. À medida que a tecnologia continua a evoluir, a importância de se manter a par das linguagens e estruturas emergentes não pode ser exagerada.

Além disso, para além da proficiência técnica, a jornada de compreensão das linguagens de programação promove uma apreciação mais profunda da arte e da ciência do desenvolvimento de software. Cultiva as capacidades de resolução de problemas, incentiva a criatividade e incute um sentido de disciplina na elaboração de códigos. Além disso, a natureza colaborativa da comunidade de engenharia de software oferece amplas oportunidades de partilha de conhecimentos e de orientação, enriquecendo a experiência de aprendizagem dos aspirantes a programadores.

Essencialmente, o caminho para a mestria na compreensão das linguagens de programação não é apenas um destino, mas sim uma odisseia contínua de crescimento e descoberta. Requer dedicação, perseverança e vontade de enfrentar os desafios com uma mente aberta. Ao concluirmos este capítulo, vamos levar adiante as lições aprendidas e embarcar na próxima etapa da nossa jornada com entusiasmo renovado e um compromisso inabalável com a excelência em engenharia de software.

Capítulo 3. Ciclo de vida do desenvolvimento de software

Introdução:

No cenário em constante evolução da tecnologia, o software é o alicerce sobre o qual a inovação prospera e as soluções surgem. No entanto, por detrás de cada experiência de utilizador perfeita e de cada sistema intrincado, existe um percurso de criação, aperfeiçoamento e implementação: o Ciclo de Vida de Desenvolvimento de Software (SDLC). Tal como um maestro de sinfonia que guia uma obra-prima, o SDLC orquestra o processo de transformação de ideias abstractas em soluções de software tangíveis e funcionais. É uma estrutura, um roteiro e uma filosofia que governa o nascimento e a evolução dos sistemas de software.

Na sua essência, o SDLC incorpora uma abordagem sistemática à engenharia de software, englobando uma série de fases distintas, cada uma essencial por si só. Desde a faísca inicial de inspiração até à revelação final de um produto, este ciclo de vida encapsula a essência da colaboração, criatividade e precisão. É uma viagem marcada por um planeamento meticuloso, um design iterativo, testes rigorosos e uma implementação perfeita, tudo entrelaçado numa delicada dança de progresso.

A viagem começa com a fase inicial, onde as ideias ganham forma e as visões se cristalizam em objectivos definidos. Aqui, as partes interessadas convergem para articular requisitos, estabelecer objectivos e delinear o caminho a seguir. É uma fase de exploração e descoberta, em que os estudos de viabilidade e as análises de mercado estabelecem as bases para o que está para vir. Com um destino claro em mente, o SDLC prossegue para a fase de planeamento, em que são formuladas estratégias, elaboradas linhas de tempo e atribuídos recursos. É como traçar uma rota num mapa, traçando cuidadosamente a trajetória do projeto no meio de um vasto mar de possibilidades.

À medida que a viagem se desenrola, a fase de conceção surge como o cadinho onde os conceitos são forjados em planos acionáveis. Arquitectos e engenheiros colaboram para criar o quadro estrutural do software, delineando os seus componentes, interfaces e interações. É uma fase caracterizada pela criatividade e engenho, em que as soluções nascem do cadinho da imaginação e da experiência. Com o desenho na mão, começa a fase de desenvolvimento, em que as linhas de código dão vida a desenhos abstractos. Os programadores tecem algoritmos complexos, constroem interfaces intuitivas e integram elementos díspares num todo coeso. É uma fase de habilidade e dedicação, em que cada tecla e linha de código contribuem para a realização da visão do software.

No entanto, a viagem não termina com a conclusão do desenvolvimento; pelo contrário, evolui para a fase de testes, onde a robustez e a fiabilidade do software são postas à prova. Os engenheiros de garantia de qualidade examinam cada caraterística, cada função e cada caso extremo, esforçando-se por descobrir erros e vulnerabilidades antes que se manifestem na natureza. É uma fase de vigilância e precisão, em que a busca da perfeição conduz a uma procura incessante da excelência.

Com o software considerado apto para lançamento, a jornada culmina na fase de implantação, onde os frutos do trabalho são finalmente revelados ao mundo. Os administradores de sistemas orquestram o lançamento, garantindo uma transição perfeita do desenvolvimento para a produção. É um momento de antecipação e celebração, em que o esforço coletivo de inúmeras pessoas se transforma numa manifestação tangível de inovação e engenho.

3.1. Recolha e análise de requisitos

No domínio do desenvolvimento de software, a fase inicial da Recolha e Análise de Requisitos constitui a pedra angular do sucesso, tal como o lançamento dos alicerces de uma estrutura sólida. Na sua essência, esta fase gira em torno da compreensão das necessidades, objectivos e restrições dos intervenientes no projeto. Envolve a exploração meticulosa, a comunicação e a documentação dos requisitos, garantindo uma compreensão abrangente do âmbito do projeto.

O processo começa com o envolvimento das partes interessadas, incluindo clientes, utilizadores finais e especialistas na matéria, em discussões de colaboração. Estas conversas visam descobrir os requisitos explícitos e implícitos, aprofundando as necessidades funcionais, as expectativas dos utilizadores e as restrições do sistema. Através de técnicas como entrevistas, inquéritos e workshops, a equipa de desenvolvimento esforça-se por obter uma visão holística do cenário do projeto.

Uma vez recolhidos os requisitos, estes são submetidos a uma análise rigorosa para aperfeiçoar a sua clareza, exaustividade e viabilidade. Isto envolve dar prioridade aos requisitos com base na sua importância e impacto, bem como identificar quaisquer potenciais conflitos ou ambiguidades. Além disso, a fase de análise serve como um ponto de controlo crucial para alinhar os objectivos do projeto com os objectivos estratégicos e as capacidades técnicas da organização.

A comunicação eficaz é fundamental durante toda a fase de recolha e análise de requisitos para garantir uma compreensão partilhada entre as partes interessadas. A documentação clara dos requisitos, sob a forma de histórias de utilizadores, casos de utilização ou especificações funcionais, serve de modelo para o processo de desenvolvimento. Não só orienta a equipa de desenvolvimento, como também fornece um ponto de referência para as partes interessadas validarem e verificarem a solução proposta.

Além disso, esta fase lança as bases para estabelecer uma base sólida para as fases subsequentes do ciclo de vida de desenvolvimento de software (SDLC). Um conhecimento profundo dos requisitos serve de bússola para as actividades de conceção, desenvolvimento, teste e implementação, orientando a equipa de desenvolvimento no sentido de fornecer uma solução que satisfaça as expectativas das partes interessadas.

Na sua essência, a fase de Recolha e Análise de Requisitos resume o ditado "Medir duas vezes, cortar uma". Enfatiza a importância de investir tempo e esforço antecipadamente para garantir clareza e alinhamento antes de mergulhar na implementação. Ao captar e analisar meticulosamente os requisitos, as equipas de desenvolvimento de software atenuam os riscos de falta de comunicação, de desvios de âmbito e de retrabalho, abrindo caminho para resultados de projeto bem sucedidos.

3.2. Fase de projeto

No domínio do desenvolvimento de software, a fase de conceção é uma etapa fundamental do ciclo de vida do desenvolvimento de software (SDLC), garantindo o projeto de uma solução de software bem sucedida. Na sua essência, esta fase transcende o mero apelo estético, aprofundando a arquitetura e a funcionalidade do sistema previsto. A viagem começa com uma análise abrangente dos requisitos recolhidos junto dos intervenientes, um processo que prepara o terreno para as decisões de conceção subsequentes. Este passo inicial serve como pedra angular sobre a qual toda a estrutura de design é construída, promovendo o alinhamento entre as expectativas do cliente e a viabilidade técnica.

Após a análise dos requisitos, a fase de conceção desenvolve-se em duas dimensões distintas: conceção arquitetónica e conceção detalhada. A conceção arquitetónica engloba a estruturação de alto nível do sistema de software, mapeando os seus componentes, interfaces e interações. Este projeto de arquitetura funciona como uma luz orientadora, oferecendo uma visão panorâmica da paisagem do sistema e garantindo a coerência e a escalabilidade. Entretanto, a conceção detalhada aprofunda as especificidades, elaborando o funcionamento intrincado de módulos e funcionalidades individuais. Aqui, o diabo reside verdadeiramente nos detalhes, uma vez que os designers definem meticulosamente as estruturas de dados, os algoritmos e as interfaces de utilizador, não deixando pedra sobre pedra na procura de uma experiência de utilizador perfeita.

Um dos pilares da fase de conceção é a ênfase na modularidade e na reutilização, princípios que sustentam a sustentabilidade e a facilidade de manutenção do software. Ao encapsular a funcionalidade em componentes modulares, os projectistas preparam o caminho para futuras melhorias e modificações sem perturbar o sistema global. Para além disso, uma grande atenção à reutilização promove a eficiência, permitindo a incorporação de componentes e bibliotecas existentes para acelerar os esforços de desenvolvimento. Esta abordagem estratégica não só acelera o tempo de colocação no mercado, como também cultiva uma cultura de inovação, dando às equipas a possibilidade de se basearem na sabedoria colectiva de esforços anteriores.

À medida que a fase de conceção se desenrola, a colaboração surge como um elemento essencial, fazendo a ponte entre as partes interessadas, os designers e os programadores. Através de ciclos de feedback iterativos e revisões de design, as equipas aperfeiçoam a sua visão, eliminando ambiguidades e discrepâncias para garantir o alinhamento com os objectivos do projeto. Além disso, canais de comunicação eficazes promovem uma compreensão partilhada das decisões de conceção, reduzindo o risco de má interpretação e de divergência do caminho pretendido. Neste cadinho de colaboração, a criatividade floresce, à medida que diversas perspectivas convergem para dar forma a uma narrativa de design harmoniosa.

No entanto, no meio do fervor da criatividade e da colaboração, a fase de conceção permanece ancorada no pragmatismo, equilibrando as aspirações com as restrições técnicas. Os designers têm de navegar por um labirinto de compromissos, ponderando factores como o desempenho, a escalabilidade e a segurança contra o pano de fundo das restrições do projeto. Através de uma deliberação cuidadosa e de uma tomada de decisão informada, os designers traçam um percurso que optimiza tanto a funcionalidade como a viabilidade, orientando o projeto para o sucesso.

Quando a cortina cai sobre a Fase de Conceção, surge um artefacto tangível - um documento de conceção que encapsula a sabedoria colectiva e o engenho da equipa de conceção. Este documento serve como uma bússola, orientando os esforços de desenvolvimento e fornecendo um roteiro para a implementação. No entanto, o seu significado transcende a sua mera utilidade, simbolizando o culminar de inúmeras horas de ideação, colaboração e aperfeiçoamento. É um testemunho do poder do engenho humano, iluminando o caminho a seguir na viagem em direção à excelência do software.

Em retrospetiva, a Fase de Conceção serve como um cadinho de inovação, onde as ideias são transformadas em realidade através de uma sinfonia de criatividade, colaboração e pragmatismo. Estabelece a base sobre a qual o edifício da grandeza do software é erguido, moldando o destino dos projectos e impulsionando-os para o sucesso. Quando as equipas embarcam nesta viagem transformadora, levam consigo a tocha da inspiração, iluminando o caminho a seguir na paisagem em constante evolução do desenvolvimento de software.

3.3. Implementação (Escrever código limpo e sustentável)

No domínio do desenvolvimento de software, a fase de implementação constitui uma ponte crucial entre a conceção e a implementação. No seu centro está a tarefa fundamental de escrever código limpo e de fácil manutenção. Este processo não se limita a traduzir desenhos em linhas de código; trata-se de criar uma arquitetura digital que resista ao teste do tempo. O código limpo incorpora clareza, simplicidade e legibilidade. É uma linguagem compreendida não só por máquinas, mas também por outros programadores que possam herdar ou colaborar na base de código no futuro.

Escrever código limpo é semelhante a compor uma sinfonia; cada linha harmoniza-se com a seguinte, formando um todo coeso. Esta prática envolve a adesão a convenções de codificação estabelecidas, a escolha de nomes de variáveis com significado e a organização do código em módulos e funções lógicos. Ao fazê-lo, os programadores podem minimizar a ambiguidade e tornar a base de código mais navegável para si próprios e para os outros.

Além disso, manter a limpeza no código não é apenas uma questão de estética; é um investimento estratégico na longevidade do software. O código limpo é mais fácil de depurar, modificar e alargar. Reduz a probabilidade de introdução de erros durante o processo de desenvolvimento e simplifica a integração de novos membros da equipa. Essencialmente, promove uma cultura de colaboração e eficiência na equipa de desenvolvimento.

Para alcançar a capacidade de manutenção, os programadores devem dar prioridade à modularidade e ao encapsulamento. A divisão de sistemas complexos em unidades mais pequenas e autónomas promove a reutilização do código e facilita futuras actualizações. Além disso, a utilização de padrões de conceção e de princípios de arquitetura promove a escalabilidade e a adaptabilidade, permitindo que o software evolua a par da alteração dos requisitos.

No entanto, a procura de código limpo não está isenta de desafios. Os programadores enfrentam frequentemente pressões para cumprir prazos apertados ou dar prioridade aos ganhos a curto prazo em detrimento da sustentabilidade a longo prazo. No entanto, ao investir tempo e esforço na escrita de código limpo desde o início, as organizações podem reduzir a dívida técnica e minimizar a acumulação de problemas relacionados com o código ao longo do tempo.

Além disso, a busca por um código limpo não termina com a implementação inicial. A refacção contínua e as revisões de código são práticas essenciais que garantem que a qualidade do código se mantém elevada durante todo o ciclo de vida do software. Ao rever e aperfeiçoar regularmente o código existente, os programadores podem manter a dívida técnica sob controlo e manter padrões de excelência.

Em conclusão, a fase de implementação do ciclo de vida de desenvolvimento de software serve como um cadinho para a criação de código limpo e de fácil manutenção. Ao aderir aos princípios de clareza, simplicidade e modularidade, os programadores estabelecem as bases para um sistema de software robusto e resistente. Adotar um código limpo não é apenas uma prática recomendada; é um compromisso com a excelência que paga dividendos sob a forma de produtividade melhorada, complexidade reduzida e maior agilidade face à mudança.

3.4. Desenvolvimento orientado por testes

No intrincado mundo do desenvolvimento de software, garantir a fiabilidade e a qualidade do código é fundamental. Uma metodologia que se destaca nesta busca pela excelência é o Desenvolvimento Orientado por Testes (TDD). Na sua essência, o TDD não é apenas uma técnica de teste, mas uma abordagem disciplinada ao desenvolvimento de software que enfatiza a escrita de testes antes de escrever o próprio código. Esta metodologia está profundamente enraizada no Ciclo de Vida de Desenvolvimento de Software (SDLC), desempenhando um papel fundamental em cada fase, desde o início até à manutenção.

A jornada do TDD dentro do SDLC começa com a fase inicial, onde os requisitos são reunidos e traduzidos em especificações testáveis. Aqui, o TDD actua como uma luz orientadora, ajudando os programadores a cristalizar a sua compreensão da funcionalidade desejada através da criação de casos de teste. Estes testes servem como documentação viva, delineando o comportamento esperado do sistema mesmo antes de uma única linha de código de produção ser escrita.

À medida que o desenvolvimento avança para a fase de implementação, o TDD assume um papel central, moldando a própria estrutura do processo de codificação. Os programadores começam por escrever um caso de teste que falha, representando o comportamento desejado ainda não implementado. Este passo serve como uma expressão concreta dos requisitos e actua como uma bússola, orientando os programadores para o destino pretendido. Com os testes falhados no lugar, os programadores refinam e melhoram o código iterativamente até que todos os testes passem, assegurando que cada nova funcionalidade é rigorosamente validada em relação aos critérios predefinidos.

A natureza iterativa do TDD integra-se perfeitamente na fase de testes do SDLC, promovendo uma cultura de verificação e validação contínuas. À medida que os programadores escrevem novo código ou refactorizam o código existente, são executados testes automatizados para verificar a sua correção. Esta abordagem proactiva aos testes não só descobre defeitos no início do processo de desenvolvimento, como também fornece uma rede de segurança, permitindo aos programadores refactorizar com confiança, sabendo que a funcionalidade existente permanece intacta.

Ao passar para a fase de implantação, o conjunto de testes abrangente criado por meio do TDD serve como um escudo robusto contra regressões, garantindo que o software implantado atenda aos mais altos padrões de qualidade. Ao automatizar a execução de testes e incorporá-los no pipeline de CI/CD, as organizações podem obter ciclos de feedback rápidos, permitindo uma entrega mais rápida de funcionalidades, mantendo a integridade do código.

Para além da implementação, o TDD continua a exercer a sua influência na fase de manutenção, em que a longevidade e a estabilidade do software são fundamentais. O conjunto abrangente de testes serve como uma rede de segurança, permitindo que os programadores façam melhorias ou modificações com a garantia de que a funcionalidade existente permanece intacta. Além disso, à medida que surgem novos requisitos ou são descobertos defeitos, o TDD permite aos programadores aperfeiçoar e alargar iterativamente a base de código, preservando a sua integridade.

Em conclusão, o Desenvolvimento Orientado a Testes não é apenas uma técnica de teste, mas uma filosofia que permeia todas as facetas do Ciclo de Vida de Desenvolvimento de Software. Ao adotar o TDD, as organizações podem fomentar uma cultura de qualidade, em que a fiabilidade, a capacidade de manutenção e a escalabilidade não são considerações posteriores, mas atributos intrínsecos da base de código. À medida que o software continua a evoluir em complexidade e escala, o TDD permanece como um farol de garantia, orientando os programadores para o caminho da excelência no desenvolvimento de software.

Conclusão:

Na vasta extensão do desenvolvimento de software, o ciclo de vida serve como uma luz orientadora, conduzindo as equipas através do intrincado labirinto da criação para uma solução tangível e funcional. A nossa viagem através do ciclo de vida de desenvolvimento de software tem sido um testemunho do seu significado, cada fase é semelhante a um bloco de construção que estabelece as bases para o sucesso. Começando com a recolha e análise de requisitos, aprendemos a arte de decifrar as necessidades e desejos dos intervenientes, empregando técnicas que vão desde entrevistas a inquéritos, e documentando meticulosamente todos os detalhes para maior clareza e alinhamento.

Avançando para a fase de conceção, assistimos ao nascimento da estrutura e da arquitetura, onde os sonhos tomaram forma e os planos se transformaram em realidade. O design arquitetónico preparou o caminho para a grande visão, enquanto o design detalhado se debruçou sobre os pormenores mais minuciosos, moldando cada componente com precisão e previsão. Com o projeto em mãos, embarcámos na fase de implementação, em que as linhas de código se tornaram as pinceladas que pintaram a tela da nossa criação. Aqui, enfatizámos a importância de escrever código limpo e de fácil manutenção, aderindo às melhores práticas e promovendo uma cultura de qualidade artesanal.

Os testes surgiram como guardiões da qualidade, permanecendo como sentinelas nos portões da implementação, garantindo que a nossa criação cumpria os mais elevados padrões de desempenho e fiabilidade. Explorando vários tipos de testes, desde testes unitários a testes de sistema, adoptámos a filosofia do desenvolvimento orientado por testes, em que os testes se tornaram não apenas validadores, mas arquitectos que orientam o processo de desenvolvimento.

Finalmente, quando chegámos ao clímax da nossa viagem, a implementação acenou como um farol no horizonte. A integração e a implantação contínuas surgiram como as forças motrizes por trás de uma entrega perfeita, enquanto o gerenciamento de versões orquestrou a sinfonia de versionamento e distribuição. Ao despedirmo-nos do ciclo de vida do desenvolvimento de software, levamos connosco não só uma riqueza de conhecimentos, mas também um profundo apreço pela intrincada dança do planeamento, criação e aperfeiçoamento que está na base de todos os empreendimentos de software bem sucedidos. Embora a nossa viagem possa ter chegado ao fim, o espírito de inovação e colaboração que nos impulsionou continuará a guiar-nos à medida que navegamos na paisagem em constante mudança da tecnologia.

Capítulo 4. Gestão de projectos

Introdução:

A gestão de projectos é a arte e a ciência de orientar um projeto desde o início até à sua conclusão, assegurando que cumpre os seus objectivos dentro dos limites de tempo, orçamento e âmbito. Na sua essência, a gestão eficaz de projectos envolve um planeamento cuidadoso, uma organização meticulosa e uma liderança competente. O primeiro passo em qualquer projeto é definir objectivos claros e exequíveis, bem como identificar os recursos necessários para os atingir. Esta fase inicial estabelece as bases para todo o projeto, orientando as decisões e acções subsequentes. Uma vez estabelecido o âmbito do projeto, os gestores de projectos utilizam várias metodologias, como a Waterfall ou a Agile, para criar um roteiro para a execução.

A comunicação é fundamental na gestão de projectos, uma vez que assegura o alinhamento entre os membros da equipa e as partes interessadas. Reuniões regulares, relatórios de progresso e actualizações de estado facilitam a transparência e mantêm todos informados sobre os desenvolvimentos do projeto. Além disso, uma comunicação eficaz promove a colaboração e permite a resolução atempada de problemas, minimizando o risco de mal-entendidos ou conflitos. A par da comunicação, a gestão de riscos é um aspeto fundamental da gestão de projectos. A antecipação de potenciais obstáculos e a elaboração de planos de contingência podem atenuar os riscos e manter o projeto no bom caminho, mesmo perante desafios inesperados.

A atribuição de recursos é outra responsabilidade fundamental dos gestores de projectos. Têm de equilibrar a procura concorrente de tempo, orçamento e pessoal para otimizar a eficiência e eficácia do projeto. Isto implica a atribuição de tarefas, o acompanhamento dos progressos e o ajustamento dos planos, conforme necessário, para garantir uma utilização óptima dos recursos. Além disso, os gestores de projectos desempenham um papel crucial na motivação e capacitação das suas equipas. Ao fornecerem apoio, feedback e reconhecimento, cultivam um ambiente de trabalho positivo, propício à produtividade e à inovação.

À medida que o projeto avança, os gestores de projeto devem manter-se atentos à garantia de qualidade. Os controlos de qualidade e as avaliações de desempenho regulares garantem que os resultados cumprem as normas estabelecidas e satisfazem as expectativas das partes interessadas. Além disso, os gestores de projectos devem manter-se adaptáveis e receptivos à mudança. No atual ambiente empresarial dinâmico, são comuns as mudanças inesperadas de prioridades ou requisitos. Os gestores de projectos devem abraçar a flexibilidade e a agilidade, ajustando os planos e reafectando os recursos conforme necessário para acomodar as necessidades em evolução.

Em última análise, uma gestão de projectos bem sucedida requer um equilíbrio delicado entre pensamento estratégico, competências interpessoais e proficiência operacional. Ao gerir eficazmente os recursos, atenuar os riscos e promover a colaboração, os gestores de projectos orientam as suas equipas para resultados de projectos bem sucedidos. Servem como catalisadores da inovação, orquestrando os esforços dos indivíduos para um objetivo comum e impulsionando o sucesso organizacional. Num mundo em que os projectos são os elementos fundamentais do progresso, é indispensável uma gestão de projectos eficaz.

4.1. Metodologias ágeis

No mundo dinâmico da gestão de projectos, as metodologias Agile são um farol de adaptabilidade e eficiência, oferecendo uma mudança de paradigma em relação às abordagens tradicionais e rígidas. Na sua essência, o Agile é uma mentalidade que enfatiza o desenvolvimento iterativo, a colaboração e a capacidade de resposta à mudança. As metodologias Agile defendem a ideia de fornecer valor aos clientes de forma incremental, permitindo que as equipas respondam rapidamente à evolução dos requisitos e das exigências do mercado.

Uma caraterística das metodologias Agile é a sua ênfase na colaboração estreita entre equipas multifuncionais. Em vez de departamentos isolados a trabalhar em silos, o Agile promove um ambiente em que os programadores, designers, testadores e partes interessadas colaboram estreitamente ao longo do ciclo de vida do projeto. Esta colaboração promove a transparência, a comunicação frequente e a propriedade partilhada, conduzindo a um melhor alinhamento e a uma tomada de decisões mais rápida.

No centro das metodologias Agile está o conceito de ciclos de desenvolvimento iterativos, frequentemente designados por sprints. Em vez de tentarem entregar um produto com todas as funcionalidades no final de um longo ciclo de desenvolvimento, as equipas ágeis dividem o trabalho em partes mais pequenas e geríveis, chamadas histórias de utilizadores. Estas histórias de utilizadores são priorizadas com base no seu valor para o cliente, permitindo que as equipas apresentem resultados tangíveis em cada iteração.

Outro princípio fundamental das metodologias ágeis é a capacidade de aceitar a mudança. Nas abordagens tradicionais de gestão de projectos, as alterações aos requisitos conduzem muitas vezes a atrasos e retrabalho dispendiosos. No entanto, as metodologias ágeis aceitam a mudança como uma parte natural do processo de desenvolvimento. Através de ciclos de feedback regulares e integração contínua, as equipas ágeis podem adaptar-se a requisitos em mudança, condições de mercado e feedback dos intervenientes sem descarrilar o projeto.

Além disso, as metodologias Agile promovem uma concentração incansável na entrega de software funcional. Em vez de ficarem atoladas em extensa documentação e planeamento inicial, as equipas ágeis dão prioridade à entrega de resultados tangíveis que proporcionam valor ao cliente. Esta abordagem iterativa não só acelera o tempo de colocação no mercado, como também garante que o software satisfaz as necessidades em evolução dos seus utilizadores.

Além disso, as metodologias Agile realçam a importância da auto-organização das equipas. Em vez de dependerem de estruturas de comando e controlo do topo para a base, as equipas ágeis têm o poder de tomar decisões de forma colaborativa e de se apropriarem do seu trabalho. Esta autonomia promove um sentido de propriedade, responsabilidade e motivação entre os membros da equipa, conduzindo, em última análise, a níveis mais elevados de produtividade e satisfação.

Além disso, as metodologias Agile promovem uma cultura de melhoria contínua. No final de cada iteração, as equipas realizam retrospectivas para refletir sobre o que correu bem, o que não correu e como podem melhorar no futuro. Este compromisso com a aprendizagem e a adaptação permite que as equipas Agile aperfeiçoem continuamente os seus processos, optimizem os seus fluxos de trabalho e apresentem melhores resultados em cada iteração subsequente.

Em geral, as metodologias Agile representam uma abordagem transformadora à gestão de projectos, permitindo que as equipas forneçam valor mais rapidamente, se adaptem à mudança de forma mais eficaz e promovam uma cultura de colaboração e melhoria contínua. Ao adotar a mentalidade e os princípios Agile, as organizações podem navegar pelas complexidades do desenvolvimento de software moderno com agilidade, resiliência e inovação.

4.2. Ferramentas de colaboração em equipa

As ferramentas de gestão de projectos e de colaboração de equipas tornaram-se bens indispensáveis nos locais de trabalho modernos, revolucionando a forma como as equipas coordenam e realizam tarefas. No centro de uma gestão de projectos eficaz está a colaboração perfeita, e estas ferramentas servem como a cola que une os membros da equipa, independentemente da sua localização física. Em primeiro lugar, estas ferramentas fornecem uma plataforma centralizada para organizar tarefas, prazos e recursos, assegurando que todos estão na mesma página no que diz respeito aos objectivos e prazos do projeto. Além disso, facilitam a comunicação em tempo real através de funcionalidades como o chat, a videoconferência e os tópicos de comentários, promovendo a colaboração e a tomada rápida de decisões.

As ferramentas de colaboração em equipa são essenciais nos locais de trabalho modernos para facilitar a comunicação, a coordenação e a gestão de projectos entre os membros da equipa, especialmente em ambientes remotos ou distribuídos. Eis algumas ferramentas de colaboração de equipas populares em várias categorias:

Parte do G Suite, o Google Chat fornece mensagens, salas e integração com as aplicações do Google Workspace, como o Docs e o Drive.

Permite que as equipas organizem tarefas, atribuam responsabilidades, estabeleçam prazos e acompanhem o progresso com uma interface de fácil utilização.

Uma ferramenta visual de gestão de projectos que utiliza quadros, listas e cartões para ajudar as equipas a organizar e atribuir prioridades às tarefas.

Utilizado principalmente para o desenvolvimento de software, o Jira oferece capacidades poderosas de acompanhamento de problemas, gestão de projectos e desenvolvimento ágil.

Oferece edição colaborativa e comentários em tempo real em documentos, folhas de cálculo e apresentações com o Google Docs, Sheets e Slides.

Permite às equipas serem co-autoras de documentos em Word, Excel e PowerPoint, com histórico de versões e armazenamento na nuvem através do OneDrive.

Uma plataforma de videoconferência muito utilizada para reuniões, webinars e eventos virtuais, que oferece funcionalidades como partilha de ecrã, salas de descanso e gravação.

Integra capacidades de videoconferência juntamente com ferramentas de conversação e colaboração, permitindo uma transição perfeita da conversação para as chamadas de vídeo.

Um serviço popular de alojamento de ficheiros que fornece armazenamento na nuvem, sincronização de ficheiros e ferramentas de colaboração para equipas. Combina a gestão de projectos com fluxos de trabalho personalizáveis e automatização, permitindo às equipas gerir tarefas, projectos e processos numa única plataforma.

Um conjunto abrangente de ferramentas de produtividade, incluindo Teams, Outlook, SharePoint e muito mais, que facilita a comunicação, a colaboração e a gestão de documentos.

Google Workspace (antigo G Suite): combina ferramentas de comunicação e colaboração como o Gmail, o Drive, o Docs, o Sheets e o Meet para um trabalho de equipa perfeito na nuvem.

Estas ferramentas variam em termos de funcionalidades, preços e integrações, pelo que é essencial escolher as que melhor se adaptam às necessidades e fluxos de trabalho da sua equipa.

Além disso, as ferramentas de gestão de projectos oferecem transparência e responsabilidade, acompanhando o progresso, documentando alterações e registando discussões, permitindo que os membros da equipa consultem facilmente conversas e decisões anteriores. Isto não só aumenta a eficiência, como também minimiza os mal-entendidos e os conflitos. Além disso, estas ferramentas incluem frequentemente funcionalidades de atribuição de tarefas e de agendamento, permitindo que os gestores de projectos atribuam recursos de forma eficaz e assegurem que as cargas de trabalho são equilibradas entre a equipa. Ao proporcionar visibilidade do progresso individual e da equipa, permitem aos gestores identificar atempadamente os estrangulamentos e tomar medidas corretivas para manter os projectos no bom caminho.

Além disso, muitas ferramentas de gestão de projectos integram-se noutros sistemas de software essenciais, como plataformas de partilha de ficheiros, sistemas de controlo de versões e conjuntos de produtividade, simplificando o fluxo de trabalho e reduzindo a necessidade de mudar de contexto. Esta integração aumenta a produtividade, permitindo que os membros da equipa acedam a todas as informações e ferramentas relevantes a partir de uma única interface. Além disso, algumas ferramentas avançadas oferecem capacidades analíticas e de elaboração de relatórios, fornecendo informações valiosas sobre o desempenho da equipa, o estado do projeto e a utilização de recursos. Ao analisar as tendências e os padrões dos dados, os gestores podem tomar decisões informadas para otimizar os processos e melhorar os resultados.

Em conclusão, as ferramentas de gestão de projectos e de colaboração de equipas desempenham um papel vital na produtividade, eficiência e sucesso das organizações modernas. Ao fornecer uma plataforma centralizada para comunicação, gestão de tarefas e atribuição de recursos, estas ferramentas permitem que as equipas colaborem sem problemas, independentemente da sua localização física. Com funcionalidades concebidas para aumentar a transparência, a responsabilidade e a produtividade, permitem aos gestores liderar eficazmente e tomar decisões baseadas em dados. À medida que a tecnologia continua a evoluir, estas ferramentas continuarão, sem dúvida, a ser activos essenciais para as organizações que se esforçam por prosperar no mundo atual, que é acelerado e interligado.

4.3. Gestão das alterações e dos riscos

A gestão de projectos envolve muito mais do que apenas a definição de prazos e a atribuição de tarefas. Um aspeto crucial é lidar eficazmente com as mudanças e os riscos que surgem inevitavelmente no decurso de um projeto. Isto implica um planeamento proactivo, uma adaptação rápida e a tomada de decisões estratégicas para garantir que o projeto se mantém no bom caminho.

Em primeiro lugar, deve ser implementado um plano de gestão de riscos abrangente desde o início. Isto implica a identificação de riscos potenciais, a avaliação da sua probabilidade e impacto e o desenvolvimento de estratégias de atenuação. Ao antecipar os desafios, os gestores de projeto podem minimizar o impacto de eventos inesperados e manter o projeto no rumo certo.

Em segundo lugar, a comunicação clara é fundamental. Quando ocorrem alterações ou se materializam riscos, é vital comunicar prontamente e de forma transparente com todas as partes interessadas. Isto promove a confiança, mantém todos informados e permite a resolução colectiva de problemas.

Além disso, os gestores de projectos devem ser flexíveis e ágeis na sua abordagem. No atual ambiente de ritmo acelerado, os planos rígidos são muitas vezes impraticáveis. Em vez disso, os gestores de projectos devem aceitar a mudança e estar preparados para ajustar os prazos, os recursos ou o âmbito, conforme necessário, para acomodar novos desenvolvimentos.

Além disso, devem ser estabelecidos mecanismos de acompanhamento e controlo dos riscos. A avaliação regular dos progressos do projeto em relação aos riscos identificados permite uma intervenção proactiva antes que os problemas se agravem. Isto pode implicar a reafectação de recursos, a aplicação de planos de emergência ou a procura de apoio externo.

Além disso, é fundamental dispor de uma equipa competente e adaptável. Os membros da equipa devem estar habilitados a identificar e abordar os riscos nas suas respectivas áreas de especialização. Uma cultura que encoraje a comunicação aberta e a colaboração aumenta a capacidade da equipa para enfrentar os desafios de forma eficaz.

Além disso, o recurso à tecnologia pode simplificar os processos de gestão do risco. O software de gestão de projectos pode fornecer actualizações em tempo real, automatizar o acompanhamento dos riscos e facilitar a colaboração entre os membros da equipa. Isto permite uma tomada de decisões rápida e garante que todos estão a trabalhar a partir da mesma página.

Além disso, a realização de reuniões regulares de análise do risco permite que as partes interessadas avaliem o perfil de risco global do projeto e tomem decisões informadas. Estas reuniões constituem uma oportunidade para reavaliar as estratégias de mitigação, ajustar os planos, se necessário, e garantir o alinhamento com os objectivos do projeto.

Em conclusão, lidar com as mudanças e os riscos é uma parte integrante da gestão de projectos. Através da implementação de estratégias proactivas de gestão de riscos, da promoção de uma comunicação aberta, da manutenção da flexibilidade e da utilização da tecnologia, os gestores de projectos podem enfrentar os desafios de forma eficaz e garantir o êxito dos projectos.

Conclusão:

Ao concluirmos a nossa exploração da Gestão de Projectos no domínio da engenharia de software, é evidente que as práticas eficazes de gestão de projectos são fundamentais para o sucesso de qualquer empreendimento de software. As metodologias ágeis, como o Scrum e o Kanban, revolucionaram a forma como as equipas abordam o desenvolvimento, enfatizando a adaptabilidade, a colaboração e a entrega iterativa. Ao adotar estas metodologias, as equipas podem fomentar uma cultura de melhoria contínua, respondendo rapidamente às mudanças nos requisitos e na dinâmica do mercado.

Além disso, a utilização de ferramentas de colaboração em equipa tornou-se indispensável nos ambientes modernos de desenvolvimento de software. As plataformas de comunicação permitem uma interação perfeita entre os membros da equipa, independentemente das localizações geográficas, promovendo a transparência e o alinhamento. As ferramentas de gestão de tarefas fornecem um núcleo centralizado para organizar e acompanhar o progresso do projeto, garantindo que todos estão na mesma página e que os prazos são cumpridos.

No entanto, no meio da fluidez dos processos ágeis e da conveniência das ferramentas digitais, a importância de lidar com as mudanças e os riscos não pode ser subestimada. As estratégias de gestão de alterações ajudam as equipas a navegar pela evolução dos requisitos do projeto e das expectativas das partes interessadas sem comprometer a qualidade ou os prazos. Simultaneamente, práticas sólidas de gestão de riscos permitem às equipas identificar, avaliar e mitigar potenciais ameaças ao sucesso do projeto, assegurando a resiliência face à incerteza.

Essencialmente, a gestão eficaz de projectos em engenharia de software não se resume a seguir um conjunto de passos predefinidos ou a utilizar ferramentas específicas; trata-se de promover uma mentalidade de adaptabilidade, colaboração e resiliência. Ao adoptarem metodologias ágeis, ao utilizarem ferramentas de colaboração em equipa e ao dominarem a gestão da mudança e do risco, as equipas de software podem navegar pelas complexidades do desenvolvimento de projectos com confiança e agilidade. Ao olharmos para o futuro, vamos continuar a aperfeiçoar e a inovar as nossas práticas de gestão de projectos, garantindo que nos mantemos ágeis, receptivos e preparados para o sucesso num cenário de tecnologia e inovação em constante evolução.

Capítulo 5. Garantia de qualidade do software

Introdução:

A Garantia da Qualidade do Software (SQA) é a pedra angular para garantir que os produtos de software cumprem os mais elevados padrões de qualidade e fiabilidade. Na sua essência, a SQA é um processo sistemático que abrange todo o ciclo de vida do desenvolvimento de software, desde o planeamento inicial até à implementação e manutenção. O principal objetivo do SQA é identificar e retificar quaisquer defeitos ou problemas no software, garantindo assim que o produto final satisfaz ou excede as expectativas do cliente. Para o conseguir, o SQA baseia-se numa variedade de técnicas e metodologias, incluindo testes exaustivos, revisões de código e adesão às melhores práticas da indústria.

Um dos principais componentes do SQA é o teste, que envolve a execução sistemática do software para descobrir quaisquer erros ou falhas. Isto inclui tanto os testes manuais, em que os testadores interagem com o software como um utilizador final o faria, como os testes automatizados, em que são escritos scripts para simular as acções do utilizador e verificar os resultados esperados. Ao efetuar testes rigorosos em várias fases do desenvolvimento, o SQA ajuda a detetar e a resolver defeitos numa fase inicial, reduzindo a probabilidade de erros dispendiosos passarem para o produto final.

Para além dos testes, o SQA também realça a importância das revisões e inspecções do código. Estas implicam que os programadores experientes revejam o código para identificar quaisquer potenciais problemas relacionados com a conceção, a funcionalidade ou a adesão às normas de codificação. Ao promover a colaboração e a partilha de conhecimentos entre os membros da equipa, as revisões de código não só melhoram a qualidade da base de código, como também ajudam a orientar os programadores menos experientes e a promover uma cultura de melhoria contínua.

Outro aspeto crítico da SQA é o estabelecimento e a aplicação de normas e processos de qualidade. Isto inclui a definição de requisitos e especificações claros para o software, bem como a implementação de procedimentos robustos de controlo de versões e gestão de alterações. Ao aderir a processos normalizados e práticas de documentação, a SQA ajuda a garantir a consistência e a rastreabilidade ao longo do ciclo de vida do desenvolvimento, facilitando a identificação e a resolução de problemas à medida que estes surgem.

Além disso, o SQA desempenha um papel vital na verificação da conformidade com os regulamentos e normas relevantes, particularmente em sectores como os cuidados de saúde, finanças e aeroespacial, onde a segurança e a fiabilidade do software são fundamentais. Ao realizar auditorias e avaliações exaustivas, o SQA ajuda a garantir que os produtos de software cumprem todos os requisitos legais e regulamentares necessários, reduzindo assim o risco de multas dispendiosas, litígios ou danos à reputação.

Em última análise, o objetivo do SQA é incutir confiança no produto de software, tanto internamente na equipa de desenvolvimento como externamente, junto dos clientes e das partes interessadas. Ao fornecer consistentemente software de alta qualidade que é fiável, seguro e fácil de utilizar, as organizações podem diferenciar-se no mercado, criar confiança com os seus clientes e, em última análise, conduzir ao sucesso do negócio. No atual cenário competitivo, em que o software está cada vez mais presente e integrado na vida quotidiana, investir em SQA não é apenas uma prática recomendada - é essencial para a viabilidade e o crescimento a longo prazo.

5.1. Revisões de código

No domínio do desenvolvimento de software, garantir a qualidade da base de código é fundamental, e uma das formas mais eficazes de o conseguir é através de revisões de código. As revisões de código, uma pedra angular da Garantia de Qualidade do Software (SQA), envolvem o exame sistemático do código por colegas ou programadores experientes para identificar defeitos, melhorar a legibilidade do código e garantir a adesão às normas de codificação. Estas revisões funcionam como um ponto de controlo crítico no processo de desenvolvimento, promovendo a colaboração, a partilha de conhecimentos e, em última análise, a entrega de software robusto e fiável.

Antes de mais, as revisões de código contribuem significativamente para a qualidade geral do produto de software. Ao aproveitar a experiência colectiva da equipa, as revisões de código ajudam a descobrir potenciais bugs, erros lógicos ou vulnerabilidades de segurança que podem ter sido ignorados durante o desenvolvimento. Através de um exame rigoroso e de feedback construtivo, as revisões de código promovem uma cultura de excelência, em que os programadores aperfeiçoam continuamente as suas competências e produzem código de maior qualidade.

Além disso, as revisões de código constituem uma oportunidade de aprendizagem inestimável tanto para o autor como para os revisores. Para os programadores juniores, a participação em revisões de código permite conhecer as melhores práticas, os padrões de conceção e as convenções de codificação adoptadas pela equipa. Por outro lado, os programadores seniores beneficiam de oportunidades de mentoria, onde podem transmitir os seus conhecimentos e orientar os outros no sentido de escreverem código mais eficiente e de fácil manutenção.

Além disso, as revisões de código facilitam a manutenção e a escalabilidade da base de código. Ao aderir aos padrões de codificação e princípios de design estabelecidos, os desenvolvedores garantem que a base de código permaneça coesa, modular e fácil de entender. Isto, por sua vez, simplifica futuras tarefas de manutenção, reduz a dívida técnica e acelera o processo de integração de novos membros da equipa.

Além disso, as revisões de código promovem a colaboração e fomentam um sentido de propriedade entre os membros da equipa. Ao participarem ativamente no processo de revisão, os programadores adquirem conhecimentos sobre diferentes abordagens à resolução de problemas, partilham ideias inovadoras e trabalham coletivamente para atingir objectivos comuns. Este ambiente de colaboração não só aumenta a coesão da equipa, como também promove uma cultura de melhoria contínua e inovação.

Além disso, as revisões de código servem como uma forma de documentação de garantia de qualidade. Ao documentar as discussões, decisões e recomendações no âmbito do processo de revisão do código, as equipas estabelecem um registo histórico das alterações ao código e a lógica subjacente. Isto não só ajuda na futura resolução de problemas e depuração, como também fornece informações valiosas para auditorias de conformidade e requisitos regulamentares.

Além disso, as revisões de código desempenham um papel crucial na mitigação da dívida técnica e na redução da probabilidade de os defeitos entrarem em produção. Ao identificar e resolver os problemas no início do ciclo de vida do desenvolvimento, as equipas podem evitar o retrabalho dispendioso, minimizar as interrupções nos prazos do projeto e manter a reputação da organização.

Em conclusão, as revisões de código são uma prática indispensável na Garantia da Qualidade do Software, oferecendo uma miríade de benefícios que vão para além da deteção de defeitos. Desde a melhoria da qualidade do código e a promoção de uma cultura de colaboração até à facilitação da partilha de conhecimentos e à redução da dívida técnica, as revisões de código servem como pedra angular das metodologias modernas de desenvolvimento de software. A adoção das revisões de código como prática padrão permite que as equipas forneçam software de alta qualidade que satisfaça as necessidades das partes interessadas e dos utilizadores finais.

5.2. Refacção de código

A Garantia da Qualidade do Software (SQA) é um aspeto crítico do desenvolvimento de software que assegura que o produto final cumpre os padrões exigidos de funcionalidade, fiabilidade e satisfação do utilizador. No centro da SQA está o processo de refacção de código, que é a prática de reestruturar o código existente sem alterar o seu comportamento externo. A refacção de código desempenha um papel fundamental no aumento da qualidade do software, melhorando a legibilidade, a manutenção e o desempenho do código.

A refatoração de código é o processo de reestruturação do código existente sem alterar seu comportamento externo. É como renovar uma casa; não está a alterar o layout ou a funcionalidade, apenas a melhorar a estrutura e a organização. Aqui está uma visão geral das etapas envolvidas na refatoração de código:

Os cheiros de código são sintomas de más escolhas de conceção ou implementação que podem indicar áreas que necessitam de refactorização. Os cheiros de código comuns incluem métodos longos, código duplicado, comentários excessivos e lógica condicional complexa.

Antes de mergulhar na refacção, defina objectivos claros para o que pretende alcançar. Pode ser melhorar a legibilidade, reduzir a complexidade, melhorar o desempenho ou preparar o código para novas funcionalidades.

Antes de efetuar alterações, certifique-se de que dispõe de um conjunto abrangente de testes automatizados. Estes testes funcionam como uma rede de segurança, permitindo-lhe refactorizar com a certeza de que não introduziu quaisquer regressões.

Divida o processo de refatoração em etapas pequenas e gerenciáveis. Isto reduz o risco de introdução de erros e facilita o acompanhamento do seu progresso. Cada etapa deve ser focada na resolução de um problema específico de código ou na obtenção de um objetivo específico.

Existem várias técnicas de refatoração que podem ser aplicadas, dependendo dos problemas específicos que estão a ser abordados. Algumas técnicas comuns incluem a extração de métodos ou classes, a renomeação de variáveis para maior clareza, a consolidação de código duplicado e a simplificação de lógica complexa.

Ao refatorar, dê prioridade à escrita de código limpo e de fácil manutenção. Isso significa aderir aos padrões de codificação, usar nomes de variáveis significativos e remover comentários desnecessários ou código morto.

Após cada etapa de refatoração, execute seus testes automatizados para garantir que o código se comporte conforme o esperado. Se encontrar alguma falha, reverta as alterações e investigue a causa antes de continuar.

A refatoração pode ser assustadora, especialmente em grandes bases de código. No entanto, seguindo as melhores práticas, escrevendo testes e refactorando em pequenos incrementos, pode refactorizar com confiança e melhorar gradualmente a qualidade da sua base de código.

Fique de olho no desempenho do seu código refatorado. Embora a refacção seja frequentemente efectuada para melhorar o desempenho, é essencial medir o impacto das suas alterações para garantir que atingem os resultados desejados.

Por fim, documente as alterações feitas durante o processo de refatoração. Isso ajuda outros desenvolvedores a entender a lógica por trás das alterações e facilita a manutenção do código no futuro.

Um dos principais objectivos do SQA é eliminar defeitos e bugs das aplicações de software. Através de testes e análises sistemáticos, os profissionais de SQA identificam áreas da base de código que requerem melhorias. A refacção do código serve como uma medida proactiva para resolver estes problemas, simplificando o código complexo, removendo a lógica redundante e optimizando os estrangulamentos de desempenho. Ao aperfeiçoar continuamente a base de código, as equipas de SQA garantem que o software permanece resistente a erros e vulnerabilidades.

Além disso, a refacção de código contribui para a longevidade dos sistemas de software, reduzindo a dívida técnica. A dívida técnica refere-se ao custo acumulado do adiamento das melhorias necessárias no código em favor do cumprimento dos prazos imediatos do projeto. Ao investir tempo e esforço na refatoração, os profissionais de SQA atenuam a dívida técnica e evitam o acúmulo de complexidade de código que pode impedir futuros esforços de desenvolvimento. Esta abordagem proactiva fomenta uma cultura de desenvolvimento de software sustentável e promove o sucesso a longo prazo.

Além de melhorar a qualidade do software, a refatoração de código facilita a colaboração entre as equipes de desenvolvimento. Um código claro, conciso e bem organizado é mais fácil de entender, modificar e estender, permitindo que os desenvolvedores trabalhem juntos com mais eficiência. Ao aderir aos padrões de codificação estabelecidos e às melhores práticas, os profissionais de SQA garantem que a base de código permanece coesa e compreensível, independentemente do tamanho ou da composição da equipa.

Além disso, a refacção de código melhora a escalabilidade e a flexibilidade das aplicações de software. À medida que os requisitos evoluem e são introduzidas novas funcionalidades, a base de código deve adaptar-se em conformidade para acomodar as alterações. A refatoração permite que os desenvolvedores refatorem a base de código existente para atender às necessidades comerciais em evolução sem comprometer a estabilidade ou o desempenho do sistema. Esta agilidade permite às organizações responder rapidamente à dinâmica do mercado e manter-se à frente da concorrência.

Além disso, a refacção de código promove a reutilização e a modularidade do código, conduzindo a uma maior produtividade e facilidade de manutenção do código. Ao dividir o código monolítico em componentes mais pequenos e reutilizáveis, os programadores podem aproveitar a funcionalidade existente em diferentes partes da aplicação. Esta abordagem modular simplifica o desenvolvimento, reduz a redundância e minimiza o risco de introdução de novos defeitos. Além disso, a refatoração elimina o código obsoleto e as dependências desatualizadas, garantindo que o software permaneça enxuto e eficiente.

Além disso, a refacção de código contribui para uma cultura de melhoria contínua nas equipas de desenvolvimento de software. Ao encorajar os programadores a refactorizarem o código iterativamente como parte do seu fluxo de trabalho, os profissionais de SQA promovem uma mentalidade de excelência e perícia. Esta abordagem iterativa permite que os programadores melhorem gradualmente a base de código ao longo do tempo, resultando em software de maior qualidade com menos defeitos e custos de manutenção mais baixos.

Em conclusão, a Garantia da Qualidade do Software e a refacção do código são componentes integrais do ciclo de vida do desenvolvimento de software. Ao dar prioridade à qualidade do código, à capacidade de manutenção e à escalabilidade, os profissionais de SQA garantem que as aplicações de software cumprem os mais elevados padrões de fiabilidade e desempenho. Através de testes, análises e refactoring sistemáticos, as equipas de desenvolvimento podem criar soluções de software resistentes, adaptáveis e sustentáveis que impulsionam o sucesso empresarial.

5.3. Otimização do desempenho

A Garantia da Qualidade do Software (SQA) e a Otimização do Desempenho desempenham papéis fundamentais para garantir que os produtos de software cumprem os mais elevados padrões de funcionalidade, fiabilidade e eficiência. No centro da Garantia de Qualidade do Software está o processo meticuloso de identificação, definição e implementação de normas e procedimentos rigorosos para verificar e validar produtos de software em todas as fases do seu ciclo de vida de desenvolvimento. Isto inclui testes exaustivos, revisões de código e adesão às melhores práticas da indústria para evitar defeitos e garantir um desempenho ótimo. A otimização do desempenho, por outro lado, centra-se no ajuste fino dos sistemas de software para maximizar a sua eficiência, capacidade de resposta e escalabilidade. Ao analisar e otimizar cuidadosamente os algoritmos, as estruturas de dados e a arquitetura do sistema, a otimização do desempenho visa eliminar os estrangulamentos e melhorar a experiência geral do utilizador.

Um aspeto fundamental da Garantia de Qualidade do Software é o estabelecimento de metodologias de teste abrangentes para detetar e retificar defeitos no início do processo de desenvolvimento. Isto envolve a criação de casos de teste, estruturas de teste automatizadas e condutas de integração contínua para garantir que os componentes de software funcionam como pretendido e cumprem os requisitos especificados. Através de testes rigorosos, o SQA não só identifica erros e vulnerabilidades, como também verifica se o software funciona de forma fiável em várias condições, garantindo uma experiência de utilizador perfeita.

Além disso, a Garantia de Qualidade do Software abrange a adesão a normas de codificação e melhores práticas, tais como princípios de código limpo, design modular e documentação. Ao promover a consistência e a legibilidade das bases de código, a SQA fomenta a colaboração entre os programadores, reduz as despesas de manutenção e facilita as melhorias futuras. Além disso, a SQA envolve revisões rigorosas pelos pares e inspecções de código para identificar potenciais problemas e promover a partilha de conhecimentos entre as equipas de desenvolvimento.

A otimização do desempenho complementa a garantia de qualidade do software, abordando questões de eficiência e escalabilidade em sistemas de software. Isto envolve a criação de perfis e a análise do desempenho do sistema para identificar estrangulamentos de desempenho e problemas de utilização de recursos. Ao utilizar técnicas como o armazenamento em cache, a otimização da base de dados e o processamento paralelo, a otimização do desempenho visa melhorar a capacidade de resposta do sistema e reduzir a latência, melhorando assim a satisfação e a retenção do utilizador.

Além disso, a otimização do desempenho engloba o planeamento da escalabilidade e a gestão da capacidade para garantir que os sistemas de software podem acomodar cargas de trabalho e exigências dos utilizadores cada vez maiores. Isto envolve estratégias de escalonamento horizontal e vertical, testes de carga e planeamento da capacidade para resolver proactivamente potenciais problemas de escalonamento antes que estes afectem o desempenho do sistema. Ao otimizar a atribuição de recursos e o aprovisionamento da infraestrutura, a Otimização do Desempenho aumenta a fiabilidade e a disponibilidade dos sistemas de software, mesmo sob picos de carga.

Em conclusão, a Garantia da Qualidade do Software e a Otimização do Desempenho são disciplinas essenciais no campo da engenharia de software, trabalhando em conjunto para fornecer produtos de software de alta qualidade e elevado desempenho. Enquanto a SQA se concentra na prevenção e validação de defeitos através de testes rigorosos e da adesão a normas, a Otimização do Desempenho visa maximizar a eficiência e a escalabilidade através de uma análise cuidadosa e da otimização do desempenho do sistema. Ao dar prioridade à qualidade e ao desempenho durante todo o ciclo de vida do desenvolvimento, as organizações podem fornecer produtos de software que excedam as expectativas dos clientes e mantenham uma vantagem competitiva no mercado.

Conclusão:

No domínio da Garantia de Qualidade de Software (SQA), a atenção meticulosa aos detalhes e o compromisso com a excelência são fundamentais. À medida que navegamos na intrincada rede de revisões de código, refacção de código e otimização de desempenho, torna-se bastante claro que garantir os mais elevados padrões de qualidade não é apenas um objetivo, mas uma viagem contínua. As revisões de código servem como guardiões da qualidade, onde as melhores práticas se tornam a luz orientadora e a comunicação eficaz promove a colaboração. Ao aderir às diretrizes estabelecidas e ao realizar revisões minuciosas, as equipas podem descobrir potenciais problemas numa fase inicial, fortalecendo assim as bases do seu software.

Além disso, a refatoração de código surge como uma ferramenta crucial no arsenal de SQA, permitindo que os desenvolvedores combatam a presença insidiosa de odores de código. Através de um exame meticuloso e de uma reestruturação cuidadosa, a refacção de código dá nova vida a bases de código envelhecidas, melhorando a legibilidade, a capacidade de manutenção e a escalabilidade. Ao adotar técnicas de refactorização, as equipas não só reduzem a dívida técnica, como também cultivam uma cultura de melhoria contínua, em que a estagnação dá lugar à inovação.

Na busca do desempenho máximo, o reino da otimização do desempenho acena, oferecendo um potencial inexplorado à espera de ser libertado. Através dos pilares gémeos da definição de perfis e do benchmarking, os programadores embarcam numa missão para desvendar os mistérios da eficiência. Armados com informações baseadas em dados, eles traçam um curso para a otimização, empregando uma miríade de estratégias para afinar as suas criações. Desde optimizações algorítmicas a melhorias arquitectónicas, cada iteração aproxima-os do zénite da excelência do desempenho.

No entanto, nesta busca incessante pela qualidade, temos de nos manter vigilantes contra a complacência. A praga da mediocridade espreita nas sombras, pronta a apanhar aqueles que vacilam na sua determinação. Por isso, mantenhamo-nos firmes no nosso compromisso com a excelência, sempre conscientes da importância da SQA na formação do panorama do software. Vamos abraçar os princípios das revisões de código, da refacção de código e da otimização do desempenho como pilares de força, impulsionando-nos para novos horizontes de realização.

Em conclusão, ao dizermos adeus ao domínio da Garantia de Qualidade de Software, vamos levar adiante a tocha da diligência e da dedicação. Sigamos em frente com uma determinação inabalável, sabendo que a viagem em direção à perfeição nunca está verdadeiramente terminada. E, à medida que navegamos no cenário em constante evolução da tecnologia, que possamos continuar a manter os mais altos padrões de qualidade, pois, ao fazê-lo, não só honramos o legado daqueles que vieram antes de nós, mas também abrimos caminho para um futuro mais brilhante, livre da praga do software de baixa qualidade.

Capítulo 6. Tópicos avançados

Introdução:

No domínio da engenharia de software, os tópicos avançados oferecem uma porta de entrada para soluções de ponta e abordagens inovadoras. Um desses tópicos é a Aprendizagem Automática e a Inteligência Artificial (IA). Aqui, os engenheiros mergulham nas redes neuronais, na aprendizagem profunda e no processamento de linguagem natural para criar sistemas inteligentes capazes de aprender e adaptar-se. Desde motores de recomendação a veículos autónomos, as aplicações são vastas e transformadoras.

A Blockchain surge como mais uma fronteira, revolucionando a forma como percebemos e lidamos com as transacções digitais. A sua natureza descentralizada proporciona segurança e transparência sem paralelo, abrindo caminho para transacções peer-to-peer seguras, contratos inteligentes e aplicações descentralizadas (DApps). À medida que a tecnologia blockchain amadurece, o seu impacto nas finanças, na gestão da cadeia de fornecimento e não só, continua a expandir-se.

A computação quântica representa o próximo salto quântico no poder computacional. Ao aproveitar os princípios da mecânica quântica, os engenheiros resolvem problemas complexos a velocidades inimagináveis com os computadores clássicos. Da otimização da logística à descoberta de medicamentos, a computação quântica promete avanços em praticamente todos os domínios.

O DevOps e a Entrega Contínua (CD) evoluíram para práticas essenciais para o desenvolvimento de software moderno. Ao automatizar o aprovisionamento, os testes e a implementação da infraestrutura, as organizações obtêm maior agilidade e fiabilidade. Os pipelines de integração contínua/implementação contínua (CI/CD) simplificam o ciclo de vida do desenvolvimento, permitindo uma rápida iteração e inovação.

A arquitetura de microsserviços oferece uma mudança de paradigma de aplicações monolíticas para serviços modulares e implementáveis de forma independente. Os engenheiros dividem sistemas complexos em componentes mais pequenos e geríveis, promovendo a escalabilidade, a flexibilidade e o isolamento de falhas. Com os microsserviços, as organizações podem adaptar-se a requisitos variáveis e escalar sem esforço.

A contentorização com tecnologias como o Docker e o Kubernetes revoluciona a implementação e a gestão de software. Ao encapsular as aplicações e as suas dependências em contentores leves e portáteis, os engenheiros garantem a consistência em diferentes ambientes. Plataformas de orquestração de contêineres como o Kubernetes automatizam o dimensionamento, o balanceamento de carga e o gerenciamento de recursos, capacitando as organizações a implantar e gerenciar aplicativos em escala.

A computação sem servidor abstrai a gestão da infraestrutura, permitindo que os programadores se concentrem apenas na escrita de código. Com plataformas sem servidor como o AWS Lambda e o Azure Functions, os engenheiros podem executar código em resposta a eventos sem provisionar ou gerir servidores. Essa mudança de paradigma simplifica o desenvolvimento, reduz a sobrecarga operacional e permite o dimensionamento econômico.

A cibersegurança continua a ser fundamental num mundo cada vez mais conectado. Os tópicos avançados em cibersegurança abrangem a deteção de ameaças, encriptação, práticas de codificação seguras e hacking ético. Os engenheiros empregam técnicas de ponta para proteger dados, sistemas e redes contra ameaças em evolução, garantindo a integridade e a confidencialidade dos activos digitais.

No panorama dinâmico da engenharia de software, o domínio destes tópicos avançados permite que os engenheiros ultrapassem os limites, resolvam problemas complexos e impulsionem a inovação. Ao manterem-se a par das tecnologias emergentes e das melhores práticas, os profissionais podem navegar no terreno em constante mudança do desenvolvimento de software com confiança e agilidade, moldando o futuro da tecnologia.

6.1. Padrão de desenho

No domínio da engenharia de software, compreender e implementar padrões de conceção é semelhante a dominar a arte das plantas arquitectónicas na construção. Os tópicos avançados em engenharia de software, em particular os padrões de conceção, elevam os programadores de meros criadores de código a arquitectos de sistemas escaláveis, sustentáveis e flexíveis. No fundo, os padrões de conceção encapsulam soluções comprovadas para problemas de conceção recorrentes, oferecendo uma abordagem estruturada à conceção de software que promove a reutilização de código, a modularidade e a abstração.

Uma categoria proeminente de padrões de conceção são os padrões de criação, que se centram nos mecanismos de criação de objectos. Os exemplos incluem os padrões Singleton, Factory e Builder, cada um abordando preocupações específicas, como garantir apenas uma instância de uma classe, abstrair a lógica de criação de objectos e construir objectos complexos passo a passo. Estes padrões permitem aos programadores gerir eficazmente as complexidades da criação de objectos, promovendo bases de código mais limpas e modulares.

Outro conjunto vital de padrões de design está sob a alçada dos padrões estruturais, que se concentram na composição de classes e objectos. Padrões como Adapter, Decorator e

Composite facilitam a construção de sistemas flexíveis e extensíveis, permitindo a composição de objectos em várias configurações. Ao promoverem o acoplamento flexível entre componentes e melhorarem a manutenção do código, os padrões estruturais abrem caminho a arquitecturas de software escaláveis.

No entanto, talvez o grupo mais transformador de padrões de design esteja no domínio dos padrões comportamentais. Esses padrões, como Observer, Strategy e Command, orquestram interações entre objetos, promovendo sistemas coesos e adaptáveis. Ao desacoplar a comunicação entre componentes e encapsular algoritmos em objectos intercambiáveis, os padrões comportamentais permitem que os programadores criem software que pode evoluir graciosamente com a alteração dos requisitos.

Além disso, a aplicação de padrões de conceção transcende os projectos individuais, permeando a base de conhecimentos colectivos da comunidade de engenharia de software. Através da compreensão e adoção partilhadas, os padrões de conceção cultivam uma língua franca que melhora a comunicação e a colaboração entre programadores de todo o mundo. Esta sabedoria colectiva não só acelera a curva de aprendizagem dos aspirantes a engenheiros, como também promove a inovação e as melhores práticas na indústria.

Essencialmente, mergulhar em tópicos avançados como padrões de design em engenharia de software é semelhante a explorar as maravilhas arquitectónicas do mundo digital. Ao dominarem estes padrões, os programadores desbloqueiam a capacidade de criar sistemas de software que não são apenas robustos e escaláveis, mas também elegantes e adaptáveis. À medida que a tecnologia continua a evoluir e os desafios se tornam cada vez mais complexos, os princípios intemporais incorporados nos padrões de conceção continuam a ser ferramentas indispensáveis no arsenal de todos os arquitectos e engenheiros de software.

6.2. Considerações sobre segurança

No cenário em constante evolução da engenharia de software, as considerações de segurança são uma preocupação primordial. À medida que a tecnologia avança, o mesmo acontece com os métodos e a sofisticação das ciberameaças. Por conseguinte, compreender e implementar medidas de segurança robustas é essencial para salvaguardar dados sensíveis, manter a confiança dos utilizadores e proteger contra ataques maliciosos.

Um aspeto crítico da segurança na engenharia de software é a modelação de ameaças. Isto envolve a identificação de potenciais vulnerabilidades e a antecipação da forma como os atacantes as podem explorar. Ao realizar uma modelação de ameaças completa, os programadores podem abordar proactivamente os riscos de segurança durante a fase de conceção, conduzindo a sistemas de software mais resilientes e seguros.

Outro tópico avançado em segurança é a criptografia, a ciência de proteger a comunicação e os dados através de técnicas de encriptação e desencriptação. A criptografia desempenha um papel vital na proteção de informações sensíveis, como palavras-passe, transacções financeiras e dados pessoais. Os algoritmos e protocolos criptográficos avançados são continuamente desenvolvidos para se manterem à frente das ameaças emergentes e garantirem a confidencialidade e integridade dos dados.

As práticas de codificação segura também são essenciais para mitigar os riscos de segurança. Isto envolve a adesão a normas e diretrizes de codificação que dão prioridade à segurança, como a validação de entradas, consultas parametrizadas para evitar a injeção de SQL e o tratamento adequado de erros. Além disso, a utilização de estruturas e ferramentas de desenvolvimento seguro pode ajudar a automatizar as verificações de segurança e a identificar vulnerabilidades no início do processo de desenvolvimento.

Os mecanismos de autenticação e autorização são componentes fundamentais dos sistemas de software seguros. A implementação de métodos de autenticação robustos, como a autenticação multi-fator e a autenticação biométrica, garante que apenas os utilizadores autorizados podem aceder a recursos sensíveis. Da mesma forma, os controlos de autorização refinados ajudam a aplicar políticas de acesso e limitam os privilégios com base nas funções e permissões do utilizador.

Os protocolos de comunicação segura, como HTTPS, TLS e SSL, são essenciais para proteger os dados transmitidos através de redes. Ao encriptar os dados em trânsito, estes protocolos impedem a escuta e a adulteração, garantindo a confidencialidade e a integridade das informações sensíveis trocadas entre clientes e servidores.

Além disso, a monitorização contínua da segurança e a resposta a incidentes são cruciais para manter a postura de segurança dos sistemas de software. A utilização de sistemas de deteção de intrusões, ferramentas de monitorização de registos e plataformas de gestão de informações e eventos de segurança (SIEM) permite às organizações detetar e responder a incidentes de segurança em tempo real, minimizando o impacto de potenciais violações.

Por último, a sensibilização para a segurança e a formação são essenciais para a criação de uma cultura consciente da segurança nas organizações. A formação de programadores, administradores e utilizadores finais sobre ameaças de segurança comuns, melhores práticas e técnicas de engenharia social permite-lhes reconhecer e mitigar os riscos de segurança de forma eficaz. Ao promover uma cultura de sensibilização para a segurança, as organizações podem melhorar a sua postura geral de segurança e proteger-se melhor contra as ciberameaças em evolução.

6.3. Escalonamento e sistema distribuído

No domínio da engenharia de software, o escalonamento e os sistemas distribuídos são a base sobre a qual são construídas aplicações robustas e resilientes. Na sua essência, o escalonamento refere-se à capacidade de um sistema para lidar com o aumento da carga ou da procura de forma graciosa, sem sacrificar o desempenho ou a fiabilidade. Os sistemas distribuídos, por outro lado, envolvem a coordenação de vários componentes interligados que trabalham em conjunto para atingir um objetivo comum. Juntos, formam a espinha dorsal das aplicações modernas, permitindo-lhes dar resposta a milhões de utilizadores, mantendo simultaneamente uma elevada disponibilidade e tolerância a falhas.

O escalonamento e os sistemas distribuídos representam o auge da engenharia de software moderna, permitindo que as aplicações lidem com cargas maciças e forneçam experiências de utilizador perfeitas em todo o mundo. Ao mergulharmos neste aspeto crucial da tecnologia, vamos explorar os meandros do escalonamento e os princípios por trás dos sistemas distribuídos.

Na sua essência, o escalonamento envolve a capacidade de um sistema de lidar com o aumento da carga de trabalho ou crescimento sem sacrificar o desempenho. As abordagens de escalonamento tradicionais, como o escalonamento vertical (atualização do hardware) e o escalonamento horizontal (adição de mais máquinas), estabelecem as bases para gerir o aumento da procura. No entanto, o advento dos sistemas distribuídos leva a escalabilidade a novos patamares, distribuindo a carga de trabalho por vários nós ou servidores.

Os sistemas distribuídos utilizam uma rede de nós interligados para processar tarefas em paralelo, promovendo a resiliência, a tolerância a falhas e a elevada disponibilidade. Os princípios-chave subjacentes aos sistemas distribuídos incluem a redundância, em que são mantidas várias cópias de dados ou serviços para atenuar os pontos únicos de falha, e o particionamento, que envolve a divisão de dados ou tarefas em partes mais pequenas e geríveis para um processamento eficiente.

A arquitetura dos sistemas distribuídos engloba vários modelos, como cliente-servidor, ponto-a-ponto e microsserviços. Cada modelo oferece vantagens e compensações distintas, dependendo de factores como requisitos de escalabilidade, tolerância a falhas e consistência de dados.

No domínio do dimensionamento e dos sistemas distribuídos, tecnologias como a contentorização (por exemplo, Docker) e as plataformas de orquestração (por exemplo, Kubernetes) desempenham um papel fundamental. A contentorização permite que as aplicações sejam empacotadas juntamente com as suas dependências, garantindo a consistência em diferentes ambientes. Enquanto isso, as plataformas de orquestração automatizam a implantação, o dimensionamento e o gerenciamento de aplicativos em contêineres, simplificando o desenvolvimento e a operação de sistemas distribuídos.

Existem muitos desafios no domínio dos sistemas distribuídos e de escalonamento, incluindo a consistência dos dados, a latência da rede e a sincronização. Soluções como cache distribuído, balanceamento de carga e algoritmos de consenso (por exemplo, Paxos, Raft) abordam esses desafios, facilitando a comunicação e a coordenação contínuas entre nós distribuídos.

À medida que a tecnologia continua a avançar, a importância dos sistemas distribuídos e de escalonamento só irá crescer, alimentada pelas exigências cada vez maiores das aplicações modernas e pela proliferação de tarefas com grande volume de dados. Ao dominar os princípios e tecnologias subjacentes aos sistemas distribuídos e de escalonamento, os engenheiros de software podem arquitetar aplicações robustas, resilientes e altamente escaláveis, capazes de satisfazer as necessidades do mundo interligado de hoje.

Um dos principais desafios no escalonamento de um sistema consiste em garantir que este possa crescer sem problemas à medida que a base de utilizadores se expande. Isto envolve frequentemente o escalonamento horizontal, em que recursos adicionais, como servidores ou instâncias, são adicionados ao sistema para lidar com o aumento da procura. No entanto, a simples adição de mais hardware não é suficiente; são necessárias uma conceção e uma arquitetura cuidadosas para garantir que o sistema se mantém eficiente e gerível.

Os sistemas distribuídos levam este conceito um pouco mais longe, distribuindo a carga de trabalho por vários nós ou máquinas. Isto não só melhora o desempenho através da paralelização de tarefas, como também aumenta a tolerância a falhas, uma vez que uma falha numa parte do sistema não faz necessariamente cair toda a aplicação. No entanto, os sistemas distribuídos têm o seu próprio conjunto de desafios, incluindo a consistência dos dados, a latência da rede e a sobrecarga de comunicação. A resolução destes desafios exige uma análise cuidadosa das soluções de compromisso e a implementação de algoritmos e protocolos sofisticados.

Uma abordagem ao escalonamento e aos sistemas distribuídos envolve a utilização da arquitetura de microsserviços, em que as aplicações complexas são divididas em serviços mais pequenos e pouco acoplados que podem ser desenvolvidos, implementados e escalonados de forma independente. Isto permite às equipas iterar mais rapidamente e escalar componentes específicos do sistema conforme necessário, sem afetar toda a aplicação. No entanto, a gestão de um grande número de microsserviços introduz o seu próprio conjunto de desafios, incluindo a descoberta de serviços, o equilíbrio de carga e a comunicação entre serviços.

Nos últimos anos, as tecnologias de contentorização e orquestração, como o Docker e o Kubernetes, surgiram como ferramentas poderosas para criar e gerir sistemas distribuídos escaláveis. Os contentores permitem que as aplicações sejam empacotadas juntamente com as suas dependências, tornando-as portáteis e fáceis de implementar em diferentes ambientes. O Kubernetes, por sua vez, fornece uma plataforma para automatizar a implantação, o dimensionamento e o gerenciamento de aplicativos em contêineres, simplificando a tarefa de criar e operar sistemas distribuídos em escala.

Como a procura de aplicações altamente disponíveis e escaláveis continua a crescer, a importância dos sistemas escaláveis e distribuídos na engenharia de software não pode ser exagerada. Ao tirar partido dos princípios e tecnologias acima referidos, os engenheiros podem criar aplicações resilientes e eficientes capazes de satisfazer as necessidades de um panorama digital em rápida evolução. No entanto, alcançar uma verdadeira escalabilidade e fiabilidade requer mais do que apenas tecnologia; requer uma compreensão profunda dos princípios subjacentes e uma consideração cuidadosa das decisões de conceção em cada etapa do processo de desenvolvimento.

Conclusão:

No domínio dos tópicos avançados da engenharia de software, percorremos os meandros que elevam o nosso ofício a novos patamares. Os padrões de design são como pilares de sabedoria, guiando-nos através do labirinto da arquitetura de software. Desde os Padrões de Criação que criam instâncias de classes com delicadeza, até aos Padrões Estruturais que entrelaçam objectos em estruturas coesas e, finalmente, os Padrões Comportamentais que coreografam interações entre objectos com elegância. Cada padrão é um golpe de génio, uma solução para desafios de design recorrentes que nos permite construir sistemas resilientes e flexíveis.

No entanto, à medida que ascendemos a maiores alturas, temos também de fortificar as nossas criações contra as sombras que se escondem no reino digital. As considerações de segurança tornam-se primordiais, uma vez que enfrentamos a ameaça sempre presente de actores maliciosos que procuram explorar vulnerabilidades nos nossos sistemas. Ao compreender as vulnerabilidades de segurança comuns e aderir às melhores práticas para o desenvolvimento seguro, erguemos defesas formidáveis para proteger as nossas criações e os dados que elas contêm.

À medida que as nossas criações evoluem, o mesmo acontece com a nossa compreensão da infraestrutura que as suporta. O escalonamento e os sistemas distribuídos surgem como considerações essenciais na era da computação em nuvem e da conetividade global. As estratégias de escalonamento de aplicações para satisfazer as crescentes exigências e a conceção de sistemas distribuídos que se coordenam sem problemas através de vastas redes tornam-se competências imperativas no nosso arsenal.

Em conclusão, à medida que navegamos na intrincada paisagem de tópicos avançados em engenharia de software, sentimo-nos encorajados pelo conhecimento adquirido e pelos desafios superados. Os padrões de design iluminam o nosso caminho, guiando-nos com uma sabedoria intemporal. As considerações de segurança lembram-nos da importância da vigilância na proteção das nossas criações. E os sistemas distribuídos e de escalonamento convidam-nos a abraçar as complexidades da infraestrutura moderna. Neste cenário em constante mudança, a nossa viagem continua, alimentada pela curiosidade, inovação e uma busca incessante pela excelência na arte da engenharia de software.

Capítulo 7: Desenvolvimento da carreira

Introdução:

O desenvolvimento da carreira é uma viagem dinâmica marcada pelo crescimento, aprendizagem e adaptação. No fundo, trata-se de aperfeiçoar competências, ganhar experiências e traçar um caminho para a realização profissional. Em primeiro lugar, a autoavaliação é crucial; compreender os pontos fortes e fracos, os interesses e os valores de cada um constitui a base para as decisões de carreira. Esta introspeção orienta os indivíduos para funções e sectores onde podem prosperar. Em segundo lugar, é fundamental definir objectivos claros e exequíveis. Quer se trate de uma promoção, de uma mudança de carreira ou de um projeto empresarial, a definição de objectivos proporciona orientação e motivação.

Além disso, a aprendizagem contínua é indispensável no atual mercado de trabalho em rápida evolução. Aproveitar as oportunidades para melhorar as competências e adquirir novos conhecimentos mantém os profissionais relevantes e adaptáveis. O trabalho em rede é igualmente vital; a criação e o desenvolvimento de relações dentro e fora do seu sector podem abrir portas a novas oportunidades, orientação e conhecimentos valiosos. Além disso, a procura de mentores ou conselheiros de carreira pode fornecer orientação e perspetiva, ajudando a enfrentar desafios e a aproveitar oportunidades de forma eficaz.

Além disso, correr riscos calculados é muitas vezes necessário para o crescimento. Quer se trate de um projeto desafiante, de assumir funções de liderança ou de explorar territórios desconhecidos, abraçar o desconforto promove a resiliência e expande os horizontes. Além disso, manter um equilíbrio saudável entre a vida profissional e a vida privada é crucial para uma satisfação profissional sustentada e para o bem-estar geral. Dar prioridade ao autocuidado, estabelecer limites e encontrar realização para além do local de trabalho contribuem para o sucesso e a felicidade a longo prazo.

Por último, a resiliência e a adaptabilidade são caraterísticas essenciais para enfrentar os inevitáveis contratempos e incertezas de uma carreira profissional. Aceitar os fracassos como oportunidades de aprendizagem, manter-se ágil face à mudança e permanecer aberto a novas possibilidades são fundamentais para prosperar no meio da adversidade. Na sua essência, o desenvolvimento da carreira não se resume a subir uma escada; é um esforço multifacetado que engloba a autoconsciência, a definição de objectivos, a aprendizagem contínua, o trabalho em rede, a assunção de riscos, o equilíbrio entre a vida profissional e pessoal e a resiliência. Ao adotar estes princípios, os indivíduos podem criar carreiras significativas e gratificantes que estejam de acordo com as suas aspirações e valores.

7.1. Construir uma carteira

No mercado de trabalho competitivo de hoje, um portefólio sólido é essencial para mostrar as suas competências, experiência e potencial a potenciais empregadores. A criação de um portefólio abrangente não só demonstra a sua proficiência, como também realça a sua paixão e dedicação à área escolhida. Seguem-se alguns passos importantes para criar um portefólio convincente que o distinga da multidão.

Em primeiro lugar, avalie os seus pontos fortes e identifique o tipo de trabalho que pretende mostrar. Quer seja engenheiro de software, designer gráfico ou criador de conteúdos, adapte a sua carteira de modo a refletir as suas competências específicas e o tipo de funções que pretende desempenhar. Selecione uma variedade de projectos que demonstrem a sua versatilidade e proficiência em diferentes áreas.

Em seguida, reúna as suas melhores amostras de trabalho e organize-as num formato visualmente apelativo e fácil de navegar. Considere criar um site pessoal ou utilizar plataformas de portefólio como o GitHub, Behance ou Dribbble para apresentar os seus projectos. Certifique-se de que cada projeto é acompanhado por uma breve descrição que descreve a sua função, o problema que resolveu e as tecnologias ou técnicas utilizadas.

Para além dos projectos concluídos, inclua quaisquer trabalhos em curso ou projectos paralelos relevantes que demonstrem a sua criatividade e iniciativa. Os empregadores valorizam os candidatos que são proactivos e apaixonados pelo seu ofício, por isso não hesite em mostrar os seus projectos pessoais, contribuições de código aberto ou trabalho freelance.

Além disso, destaque as suas realizações e contribuições em cada projeto. Quantifique o seu impacto sempre que possível, incluindo métricas ou testemunhos que demonstrem a eficácia do seu trabalho. Quer tenha aumentado o tráfego do sítio Web, melhorado a participação dos utilizadores ou simplificado um processo, os resultados concretos ajudam a validar as suas competências e experiência.

Além disso, mantenha a sua carteira actualizada regularmente para refletir o seu trabalho mais recente e os avanços nas suas competências. À medida que ganha novas experiências e adquire novas competências, incorpore-as na sua carteira para garantir que esta se mantém actualizada e relevante para potenciais empregadores. Considere a possibilidade de pedir feedback a colegas ou mentores para melhorar e aperfeiçoar continuamente o seu portefólio.

Além disso, torne a sua carteira facilmente acessível e partilhável em diferentes plataformas. Inclua links para o seu portefólio no seu currículo, perfil do LinkedIn e outros sites de redes profissionais. Utilize as redes sociais e as comunidades em linha para promover o seu trabalho e interagir com profissionais do sector.

Além disso, não subestime o poder de contar histórias no seu portefólio. Utilize estudos de casos ou narrativas de projectos para fornecer contexto e informações sobre o seu processo de pensamento e capacidade de resolução de problemas. Uma narrativa eficaz não só atrai o leitor, como também o ajuda a compreender o valor que traz para a mesa.

Por último, prepare-se para discutir e apresentar o seu portefólio durante entrevistas de emprego ou eventos de networking. Pratique a apresentação do seu trabalho de forma confiante e articulada, realçando as suas principais contribuições e realizações. Um portefólio bem elaborado não só serve de representação visual das suas competências, como também constitui uma oportunidade valiosa para demonstrar o seu profissionalismo e paixão pela carreira que escolheu.

Em conclusão, a criação de uma carteira é um aspeto crucial do desenvolvimento da carreira, permitindo-lhe mostrar as suas competências, experiência e potencial a potenciais empregadores. Seguindo estes passos e esforçando-se por criar um portefólio atraente, pode diferenciar-se eficazmente no mercado de trabalho competitivo e dar passos significativos para atingir os seus objectivos de carreira.

7.2. Preparação da entrevista

No cenário em constante evolução do desenvolvimento da carreira, a preparação para a entrevista é um marco crucial, uma ponte entre aspirações e realizações. Embarcar nesta viagem requer um planeamento meticuloso e uma execução estratégica.

Em primeiro lugar, familiarize-se com a empresa e a sua função. Pesquise a sua história, cultura e projectos recentes. Compreenda bem a descrição do cargo, anotando as principais responsabilidades e qualificações. Adapte o seu currículo e portefólio de modo a refletir o alinhamento com os valores e necessidades da empresa.

Em seguida, aperfeiçoe as suas capacidades de contar histórias. Elabore narrativas convincentes que realcem as suas experiências, realizações e crescimento. Pratique a articulação dos seus pontos fortes, pontos fracos e objectivos de carreira. Realce as suas capacidades de resolução de problemas e de adaptação a diferentes situações.

Simule cenários de entrevista para aperfeiçoar as suas respostas. Realize entrevistas simuladas com colegas ou procure a orientação de mentores. Antecipe as perguntas mais comuns e prepare respostas concisas e impactantes. Demonstre o seu entusiasmo pela função e pela empresa através de uma comunicação cativante.

A proficiência técnica é fundamental em muitos sectores. Dedique tempo à revisão de conceitos e ferramentas relevantes. Pratique desafios de codificação e exercícios de quadro branco para melhorar a sua capacidade de resolução de problemas. Mantenha-se atualizado sobre as tendências e os avanços da indústria para mostrar os seus conhecimentos.

Além disso, cultive uma mentalidade positiva. Encare cada entrevista como uma oportunidade de crescimento, independentemente do resultado. Refletir sobre o feedback e as áreas a melhorar. Desenvolva a capacidade de resiliência para enfrentar os contratempos e as rejeições com graça e determinação.

O trabalho em rede desempenha um papel fundamental na progressão na carreira. Utilize plataformas online e eventos profissionais para estabelecer contactos com profissionais do sector. Procure entrevistas informativas para obter informações sobre diferentes percursos profissionais e culturas empresariais. Construa relações genuínas baseadas no respeito e apoio mútuos.

Dê prioridade aos cuidados pessoais durante todo o processo de preparação para a entrevista. Mantenha um equilíbrio saudável entre a vida profissional e pessoal, participando em actividades que rejuvenesçam a sua mente e o seu corpo. Pratique técnicas de atenção plena para aliviar o stress e aumentar a confiança. Lembre-se de que uma mente bem descansada e revigorada tem um melhor desempenho.

Em conclusão, a preparação para uma entrevista é uma forma de arte que exige dedicação, competência e resiliência. Ao pesquisar meticulosamente, praticar e cultivar uma mentalidade positiva, pode navegar nesta fase do desenvolvimento da carreira com confiança e equilíbrio. Encare cada entrevista como uma oportunidade de crescimento e deixe transparecer a sua paixão e experiência.

7.2. Preparação da entrevista

A preparação para uma entrevista é um aspeto essencial da progressão na carreira, exigindo uma abordagem estratégica e uma atenção meticulosa aos pormenores. Em primeiro lugar, os candidatos devem pesquisar exaustivamente a empresa para a qual estão a ser entrevistados, compreendendo os seus valores, cultura e desenvolvimentos recentes. Este conhecimento não só demonstra um interesse genuíno, como também permite que os candidatos adaptem as suas respostas de forma eficaz durante a entrevista. Em segundo lugar, a prática de perguntas comuns em entrevistas e a elaboração de respostas concisas e articuladas ajudam a criar confiança e garantem clareza na comunicação. Além disso, a realização de entrevistas simuladas com colegas ou profissionais pode simular a pressão de uma entrevista real e fornecer um feedback valioso para melhorar. É também crucial preparar perguntas bem pensadas para fazer ao entrevistador, demonstrando empenhamento e desejo de saber mais sobre a função e a empresa. Além disso, vestir-se adequadamente e chegar pontualmente transmitem profissionalismo e respeito pela oportunidade. Por último, manter uma mentalidade positiva, manter a compostura sob pressão e agradecer a oportunidade da entrevista pode deixar uma impressão duradoura no entrevistador, preparando o terreno para uma progressão de carreira bem sucedida.

No domínio do desenvolvimento da carreira, navegar com destreza no processo de entrevista é um marco fundamental. Não se trata apenas de mostrar as qualificações, mas também de demonstrar o alinhamento com a cultura da empresa e ilustrar a capacidade de resolução de problemas. O primeiro passo na preparação é a pesquisa. Aprofunde-se na missão, nos valores e nos projectos recentes da empresa. Compreender a cultura da empresa permite-lhe elaborar respostas que correspondam aos seus objectivos. Além disso, analise os requisitos da função, identificando o alinhamento das suas competências e experiências.

Em seguida, a prática é fundamental. Familiarize-se com as perguntas mais comuns da entrevista, mas não recite respostas enlatadas. Em vez disso, crie anedotas autênticas que realcem as suas realizações e capacidades. Faça entrevistas simuladas com amigos ou mentores para simular a pressão e receber feedback construtivo. Além disso, aperfeiçoe as suas capacidades de contar histórias para cativar os entrevistadores e deixar uma impressão duradoura.

Além disso, dominar a arte da linguagem corporal e das pistas não verbais pode melhorar o seu desempenho na entrevista. Mantenha o contacto visual, exiba uma postura confiante e transmita entusiasmo através de gestos. Lembre-se, a comunicação vai para além das palavras.

Igualmente crucial é antecipar perguntas ou cenários difíceis. Prepare respostas para perguntas que vão para além do seu currículo, tais como perguntas comportamentais que avaliam as suas capacidades de resolução de problemas e de tomada de decisões. Cultive uma mentalidade de adaptabilidade, demonstrando a sua capacidade de pensar por si próprio e de lidar com a ambiguidade.

Além disso, não subestime a importância do vestuário e da pontualidade. Vista-se de forma adequada à cultura da empresa, demonstrando profissionalismo e respeito pela oportunidade. Chegue cedo ao local da entrevista, dando tempo suficiente para eventuais atrasos imprevistos e demonstrando fiabilidade.

Por último, cultive um sentido de auto-confiança e autenticidade. Abrace os seus pontos fortes e experiências únicas, articulando-os com convicção e humildade. Lembre-se, as entrevistas não servem apenas para provar as suas qualificações, mas para estabelecer uma ligação genuína com os potenciais empregadores. Ao combinar preparação com autenticidade, pode embarcar na sua carreira com confiança e equilíbrio.

Conclusão:

No domínio da engenharia de software, cultivar um percurso de carreira próspero requer uma navegação estratégica e um auto-aperfeiçoamento contínuo. Ao concluirmos a nossa viagem pelas Crónicas de Código, vamos mergulhar no domínio vital do desenvolvimento da carreira. O seu portefólio é um testemunho das suas capacidades, mostrando não só as suas proezas técnicas, mas também a sua criatividade e perspicácia na resolução de problemas. Através de projectos pessoais e contribuições para iniciativas de código aberto, demonstra a sua paixão pela inovação e colaboração, solidificando a sua posição como um ativo valioso no panorama tecnológico.

A preparação para as entrevistas é semelhante ao aperfeiçoamento de um ofício, exigindo uma atenção meticulosa aos pormenores e muita prática. No domínio técnico, o domínio da resolução de problemas algorítmicos e a compreensão dos conceitos fundamentais servirão de orientação. Entretanto, as dicas para as entrevistas comportamentais realçam a importância de uma comunicação eficaz e de competências interpessoais, cruciais para prosperar em ambientes orientados para a equipa. Para além da sala de entrevistas, a viagem de aprendizagem nunca pára. Adotar uma mentalidade de formação contínua permite-lhe manter-se na vanguarda, equipado com as ferramentas e metodologias mais recentes para enfrentar os desafios emergentes.

Os cursos e certificações online são recursos valiosos, oferecendo percursos de aprendizagem estruturados e adaptados aos seus interesses específicos e objectivos de carreira. Além disso, as iniciativas de trabalho em rede e de desenvolvimento profissional fomentam ligações significativas com pessoas que partilham os mesmos objectivos, proporcionando oportunidades de orientação e colaboração. Ao navegar na sua trajetória profissional, lembre-se de que o sucesso não se mede apenas por distinções ou títulos profissionais, mas pelo impacto que cria e pelas vidas que toca.

No cenário em constante evolução da tecnologia, a adaptabilidade é fundamental. Aceite a mudança como uma oportunidade de crescimento e mantenha-se firme no seu compromisso com a excelência. A cada novo desafio encontrado, aborde-o com curiosidade e resiliência, sabendo que cada obstáculo representa uma oportunidade para aprender e inovar. Ao embarcar na sua jornada profissional, que as lições aprendidas no Código de Crónicas sirvam de bússola, guiando-o para um futuro repleto de possibilidades ilimitadas e de oportunidades de crescimento sem fim.

Para terminar, lembre-se de que o seu percurso na engenharia de software não é solitário. Rodeie-se de uma comunidade de colegas e mentores que o inspirem e apoiem, e dê o seu contributo partilhando os seus conhecimentos e experiências com outros. Juntos, moldamos o futuro da tecnologia, deixando um legado que transcende o código e ressoa com a própria essência da inovação humana. Por isso, siga em frente com confiança e determinação, sabendo que as Crónicas de Código o equiparam com as ferramentas e os conhecimentos necessários para prosperar no mundo dinâmico da engenharia de software.

Capítulo 8: Conclusão

Ao concluirmos a nossa viagem pela vasta paisagem da engenharia de software, é essencial reconhecer que a nossa exploração apenas arranha a superfície deste campo dinâmico. A engenharia de software é uma disciplina que prospera com a aprendizagem contínua e a adaptação a novas tecnologias e metodologias. Para aqueles que desejam aprofundar áreas específicas ou alargar os seus conhecimentos, existe uma infinidade de recursos à sua espera.

Em primeiro lugar, as plataformas de aprendizagem em linha, como a Coursera, a Udemy e a Pluralsight, oferecem uma vasta gama de cursos leccionados por especialistas do sector. Estes cursos abrangem tudo, desde os fundamentos da programação até tópicos avançados como a aprendizagem automática e a cibersegurança. Com horários flexíveis e opções de aprendizagem autónoma, estas plataformas destinam-se a alunos de todas as origens e níveis de competências.

Além disso, os livros continuam a ser uma fonte intemporal de conhecimento em engenharia de software. Autores como Robert C. Martin, Martin Fowler e Kent Beck escreveram obras seminais sobre design de software, metodologias ágeis e princípios de código limpo. Quer prefira edições em brochura ou cópias digitais, os livros fornecem conhecimentos aprofundados e orientações práticas que complementam os cursos e tutoriais online.

Para quem gosta de ambientes de aprendizagem interactivos, aderir a comunidades de programação e participar em encontros tecnológicos pode ser extremamente benéfico. Sítios Web como Stack Overflow, GitHub e Reddit acolhem comunidades vibrantes onde os programadores trocam ideias, procuram aconselhamento e colaboram em projectos de código aberto. Participar em hackathons e desafios de programação também pode aperfeiçoar as suas competências e fomentar a camaradagem com outros entusiastas.

Além disso, nunca subestime o poder da experiência prática. Construir os seus próprios projectos, contribuir para software de código aberto ou mesmo trabalhar como freelancer pode proporcionar uma experiência inestimável no mundo real que solidifica a sua compreensão dos conceitos de engenharia de software. Aproveite as oportunidades de trabalhar em diversos projectos e colabore com colegas para alargar o seu conjunto de competências e perspectivas.

Por último, não negligencie a importância da autoavaliação e da reflexão contínuas. Reserve algum tempo para avaliar o seu progresso, identificar áreas a melhorar e definir objectivos alcançáveis para o seu percurso de aprendizagem. Quer se trate de dominar uma nova linguagem de programação, explorar uma tecnologia de nicho ou aperfeiçoar as suas competências transversais, manter uma mentalidade de crescimento é fundamental para prosperar no panorama em constante evolução da engenharia de software.

Em conclusão, os recursos disponíveis para uma aprendizagem mais aprofundada em engenharia de software são abundantes e diversificados. Quer prefira cursos estruturados em linha, livros completos, comunidades interactivas, projectos práticos ou estudo autónomo, há algo para todos. Abrace a viagem da aprendizagem ao longo da vida, mantenha-se curioso e nunca deixe de explorar as possibilidades ilimitadas que a engenharia de software tem para oferecer.

9. Recursos para aprendizagem futura

1. E. Klotins et al., "A Progression Model of Software Engineering Goals, Challenges, and Practices in Start-Ups," in IEEE Transactions on Software Engineering, vol. 47, no. 3, pp. 498-521, 1 de março de 2021, doi: 10.1109/TSE.2019.2900213.

2. L. Laird, "Fortalecendo a "Engenharia" na Educação em Engenharia de Software: Um programa de bacharelado em engenharia de software para o século 21", 2016 IEEE 29ª Conferência Internacional sobre Educação e Treinamento em Engenharia de Software (CSEET), Dallas, TX, EUA, 2016, pp. 128-131, doi: 10.1109/CSEET.2016.13.

3. R. G. Pettit e N. Mezcciani, "Highlighting the challenges of model-based engineering for spaceflight software systems", 2013 5th International Workshop on Modeling in Software Engineering (MiSE), San Francisco, CA, USA, 2013, pp. 51-54, doi: 10.1109/MiSE.2013.6595296.

4. N. H. Madhavji, A. Miranskyy e K. Kontogiannis, "Big Picture of Big Data Software Engineering: With Example Research Challenges," 2015 IEEE/ACM 1st International Workshop on Big Data Software Engineering, Florença, Itália, 2015, pp. 11-14, doi: 10.1109/BIGDSE.2015.10.

5. N. H. Madhavji, A. Miranskyy e K. Kontogiannis, "Big Picture of Big Data Software Engineering: With Example Research Challenges," 2015 IEEE/ACM 1st International Workshop on Big Data Software Engineering, Florença, Itália, 2015, pp. 11-14, doi: 10.1109/BIGDSE.2015.10.

Printed by Books on Demand GmbH, Norderstedt / Germany